Andreas Michel / Michael Heymann

Kompendium Fachwirte-Prüfung

Mündlicher Prüfungsteil – Fachgespräch mit Präsentation erfolgreich bestehen

als Handelsfachwirt/-in, Industriefachwirt/-in, Immobilienfachwirt/-in

Cornelsen

Die in diesem Buch enthaltenen Informationen zu den Prüfungsverordnungen und den rechtlichen Regelungen sind nach bestem Wissen zusammengestellt worden (Stand Mai 2015). Eine Gewähr wird nicht übernommen. Maßgeblich sind ausschließlich die im Bundesgesetzblatt veröffentlichten Prüfungsverordnungen und eventuelle Ausführungsbestimmungen der einzelnen Kammern.

Verlagsredaktion: Erich Schmidt-Dransfeld
Layout: vitaledesign, Berlin / Type Art
Technische Umsetzung: vitaledesign, Berlin
Umschlaggestaltung: vitaledesign, Berlin
Titelfoto: Shutterstock/racorn

Informationen über Cornelsen Fachbücher und Zusatzangebote:
www.cornelsen.de/berufskompetenz

Druck: Beltz Bad Langensalza GmbH

ISBN 978-3-06-151039-8

PEFC
PEFC/04-31-2257

PEFC zertifiziert
Dieses Produkt stammt aus nachhaltig bewirtschafteten Wäldern und kontrollierten Quellen.
www.pefc.de

Inhaltsverzeichnis

Die Autoren

Andreas Michel ist als Handelsfachwirt seit 2007 in der Erwachsenenbildung bei namhaften Norddeutschen Bildungs-Instituten tätig. In dieser Funktion unterrichtet er in Fachbereichen Einkauf und Logistik. Darüber hinaus bereitet er seit 2008 angehende Fachwirte auf ihre Präsentation und das Fachgespräch vor.
Andreas Michel ist außerdem Ausbilder in einem logistischen Unternehmen sowie Inhaber der Beratungsgesellschaft Michel-Logistik (www.michel-logistik.de). In diesem Zusammenhang berät er kleine und mittelständische Unternehmen und gibt darüber hinaus auch Fachseminare. Ebenfalls seit 2007 ist Andreas Michel als ehrenamtliches Prüfungsausschuss-Mitglied für mehrere norddeutsche Handelskammern in verschiedenen Fachwirte-Prüfungen tätig.

Michael Heymann, Dipl.-Betriebswirt und Dipl.-Handelslehrer, ist seit über 25 Jahren als Mitarbeiter der ehemaligen Hamburger Fremdsprachen und -wirtschaftsschule/ Business College (heute private, staatlich anerkannte EBC-Hochschule) tätig. Darüber hinaus ist Michael Heymann als freier Dozent in der Erwachsenenbildung für Fachwirte bei führenden Bildungsträgern in Hamburg tätig. In diesem Zusammenhang bereitet er angehende Fachwirte auf ihre Präsentation und das Fachgespräch vor.
Michael Heymann ist seit 1995 geschäftsführender Gesellschafter der Quadro-Plan Immobilien & Consulting GmbH (www.quadro-plan.de). Sein Schwerpunkt ist die Entwicklung strategischer Marketing-Konzepte für kleine und mittelständische Unternehmen, insbesondere im Immobilienverkaufs- und -verwaltungsbereich. Darüber hinaus ist er seit über einem Jahrzehnt ehrenamtliches Mitglied in Prüfungsausschüssen der Handelskammer Hamburg für Betriebs- und Fachwirte verschiedener Berufszweige. Außerdem engagiert sich Michael Heymann seit vielen Jahren als ehrenamtliches Mitglied im Rahmen der Aufgabenerstellung für Fach- und Betriebswirteprüfungen beim DIHK in Bonn.

Die Autoren danken der Wirtschaftsfachwirtin Frau Martina Basan-Besold für ihre Mitarbeit an Teilen der Kapitel 1 bis 4.

Zu diesem Buch

Bei allen Fachwirt-Fortbildungen besteht die abschließende Prüfung aus einer oder mehreren schriftlichen Teilprüfungen sowie aus einer mündlichen Teilprüfung. Dies ist im Einzelnen in den jeweiligen „Verordnungen über die Prüfung zum anerkannten (Fortbildungs-)Abschluss" verbindlich geregelt.

> **!** **Der mündliche Prüfungsteil wird im Anschluss an die schriftliche Prüfung durchgeführt und besteht aus einer „Präsentation" und einem anschließenden „situationsbezogenen Fachgespräch".**

Die Ausgestaltung dieses Prüfungsteils variiert zwischen den Fachwirte-Fachrichtungen. Darüber hinaus kann es zwischen Kammern zu kleinen Detailunterschieden bei der Auslegung der Prüfungsverordnung und der Gestaltung der Prüfung kommen.

Das vorliegende Buch unterstützt Sie bei Ihrer Vorbereitung auf Ihren mündlichen Prüfungsteil. Wegen der erwähnten Unterschiede ist es kaum möglich, auf sämtliche Fachwirte einzugehen, und das vorliegende Buch orientiert sich an den Anforderungen und den fachlichen Inhalten der folgenden Fachwirte-Fortbildungen:

- Handelsfachwirt/-in
- Industriefachwirt/-in
- Immobilienfachwirt/-in

Dabei ist – dies ist der besondere Ansatz – dieses Buch aus der Praxis für die Praxis erstellt worden. Es wurde von erfahrenen Dozenten geschrieben, die seit mehreren Jahren Fachwirte der verschiedenen Sparten gezielt und professionell auf die mündliche Prüfung vorbereiten. Neben der Dozententätigkeit sind beide Autoren auch Mitglieder mehrerer Prüfungsausschüsse bei verschiedenen Handelskammern. Daher wurden in diesem Buch alle wesentlichen Aspekte und Fragestellungen berücksichtigt, die aus Sicht der Teilnehmer/-innen und aus Sicht der Prüfer/-innen von Bedeutung sind. Beachten Sie jedoch, dass jede Prüfung und jeder Ausschuss individuell ist – daher ist jede Prüfung immer wieder etwas ganz Besonderes.

Dieses Buch soll für Sie eine konkrete Hilfestellung sein, die die Vorgaben aus den jeweiligen Prüfungsverordnungen genauso berücksichtigt wie häufig gestellte Teilnehmerfragen.

Nur der Einfachheit halber sprechen wir übergreifend von Fachwirten, aber das Buch wendet sich natürlich gleichermaßen an Sie als Fachwirtin und als Fachwirt, um sich Erfolg versprechend auf die mündliche Prüfung vorzubereiten.

Einleitung, Fahrplan und Aufbau des Buches

Blicken wir noch einmal auf die schriftlichen Prüfungsteile. Diese bestehen aus Klausuren. Typischerweise ist gefordert, zu Situationsbeschreibungen verschiedene differenzierte Fragestellungen zu beantworten, wobei eine ausführliche Bearbeitungszeit vorgesehen ist. Verkürzt kann man sagen, dass die Anforderung darin besteht, ausführlich inhaltliche Kenntnisse zu beweisen und fachliche Kompetenzen zu zeigen.

Dies ist in der mündlichen Prüfung auch gefragt, aber die Prüfung ist mit ca. 30 Minuten entschieden kürzer, daraufhin stichprobenartig, und sie fordert über das Inhaltliche hinaus, dass Sie eine Präsentation erstellen und vortragen können und in einem Fachgespräch zufriedenstellend Rede und Antwort stehen.

> **!** **Das bedeutet, und das soll unmissverständlich gesagt werden, dass Sie sich auf Ihre mündliche Prüfung doppelt vorbereiten sollten: zum Fachinhalt und zur Präsentation und Gesprächsführung.**

Wir wollen in dieser Einleitung erklären, was das im Einzelnen für Ihre Vorbereitung bedeutet. Wenn Sie gründlich das Inhaltliche für die schriftlichen Prüfungen gelernt und die Klausuren gemeistert haben, sind Sie damit auch schon gut für das Mündliche vorbereitet. Je nach Fachwirt/-in werden die mündlich geprüften Themenbereiche eingegrenzt, und es ist natürlich sinnvoll, den betreffenden Stoff – je nach Ihren zeitlichen Möglichkeiten – nochmals durchzugehen (Hinweise auf Lerntipps folgen an späterer Stelle).

Die zusätzliche Vorbereitung auf die mündliche Prüfung konzentriert sich erstens darauf, zu erlernen bzw. zu wiederholen, wie man eine Präsentation erstellt und hält, und zweitens darauf, sich in der Gesprächsführung zu üben. Das lässt sich aber nicht vom Inhalt trennen, denn es geht ja nicht darum, sozusagen leere Präsentationshülsen zu erstellen, sondern fachliche Themen gut aufzubereiten, und dazu gibt dieses Buch entsprechend Beispiele.

Leider präzisieren nicht alle Prüfungsordnungen diese Anforderungen an den mündlichen Teil genau, aber aus einigen lässt sich ableiten, dass es darum geht,

- eine komplexe Problemstellung der betrieblichen Praxis zu erfassen, darzustellen, zu beurteilen und zu lösen,
- angemessen und sachgerecht mit Gesprächspartnern zu kommunizieren und
- argumentations- und präsentationstechnische Instrumente sachgerecht einzusetzen.

Ihr großes Plus als angehende Fachwirte besteht darin, dass das letztlich Anforderungen sind, wie sie im Betrieb bestehen und wie sie Ihnen als Berufstätige vertraut sind. Sie können hier bestens zeigen, dass und wie Sie praktisch und betriebsbezogen mit dem „Stoff“ der Fachwirteausbildung umgehen können.

Die folgende Übersicht zeigt, welche konkreten Schritte Sie zur Vorbereitung gehen können und was Ihnen dieses Buch dazu bietet:

		Fahrplan zur mündlichen Prüfung	
	1	Sie informieren sich übergreifend über Präsentation und Fachgespräch als Prüfungsteil.	• Ziel der Präsentation • Bewertung der mündlichen Prüfung • Finden des Themas
	2	Sie machen sich mit den Grundlagen von Erstellung und Vortragen einer Präsentation vertraut.	• Vorgehen während der Präsentation • Gestaltung der Präsentation • Medieneinsatz
	3	Sie üben Gesprächsführung und bauen Ihre persönliche Gesprächskompetenz aus.	• Verhalten während des situativen Fachgesprächs
	4	Sie bereiten sich persönlich auf die Prüfung und die Prüfungssituation vor.	• Üben von Präsentationen, Umgang mit Medien, fachliche Vorbereitung, Vorbereitungsfahrplan • Persönliche Vorbereitung, Verhalten und Auftreten am Prüfungstag
 Verordnung über die Prüfung zum aner Fortbildungsabschluss Geprüfter Hand und Geprüfte Handelsfachwirtin	5	Sie informieren sich eingehender über die Regularien und speziellen Anforderungen für Ihren Fachwirt/Ihre Fachwirtin.	• Prüfungsvoraussetzungen, Dauer • Themen(bereiche) • Ablauf, Medien, Fachgespräch • Abschluss, Wiederholung
	6	Sie beginnen mit der Wiederholung des fachlichen Stoffs.	• Lerntipps, Materialien
	7	Sie erstellen Ihre Präsentation.	• Ablaufplan der Erstellung • Beachten der Zeit
 ituationsbeschreibung	8	Sie vollziehen Musterprüfungen nach und verbessern Ihre Präsentation.	• Musterprüfungen jeweils für Handelsfachwirte, Industriefachwirte, Immobilienfachwirte • Weitere Beispiele für Themen zum Üben

Die Reihenfolge der Schritte ist nicht zwingend, Sie können einzelne Schritte tauschen. Die Abfolge ist aber so aufgebaut, dass Sie sich zunächst übergreifend informieren, danach vom Allgemeinen zum Speziellen gehen und nach Erarbeiten aller wesentlichen Infos mit der Erstellung und Erprobung von Präsentationen beginnen.

Bildquellen: siehe bei den jeweiligen Kapiteln

Die acht Schritte des Fahrplans entsprechen den acht Kapiteln dieses Buches. Bevor in Kapitel 5 spezifisch auf die Fachrichtungen eingegangen wird, geben Ihnen die **Kapitel 1 bis 4** die **für alle gültigen Informationen** und stellen die **Grundregeln** vor, die Sie in jedem Fall bei Ihrer Präsentation einhalten sollten.

Kapitel 5 informiert dann spezifisch zu den **jeweiligen Fachrichtungen**.

Die **Kapitel 6 bis 8** betreffen schließlich Ihre persönliche Vorbereitung. Am Ende steht eine fertige Präsentation.

Wie in Abschnitt 1.3 näher erläutert werden wird, fertigen Handels-, Industrie- und Immobilienfachwirte ihre Präsentation vor der Prüfung an und tragen sie dann dort vor. Auch wenn sich bei der Anfertigung im Vorfeld das breite Spektrum gestalterischer Möglichkeiten bietet, beachten Sie bitte unbedingt das Folgende:

> **!** **Die entscheidende Rolle spielen Sie und nicht Ihre Präsentationsunterlagen. Sie als Person werden hinsichtlich Fachlichkeit, Strukturierung und Vortrag beurteilt.**

Natürlich ist eine Prüfung keine alltägliche Situation und natürlich ist es normal, etwas aufgeregt zu sein. Nutzen Sie diese Chance für sich selbst, um (auch) für das Leben zu lernen (und nicht nur für die Prüfung). Die nachfolgenden Seiten werden Ihnen dabei helfen.

1 Präsentation und Fachgespräch als Prüfungsteil

© Fotolia/Kenishirotie

Sie informieren sich übergreifend über Präsentation und Fachgespräch als Prüfungsteil.

- Ziel der Präsentation
- Bewertung der mündlichen Prüfung
- Finden des Themas

1.1 Ziel der Präsentation

Ziel der Präsentation ist es, einem ausgewählten Personenkreis (hier: dem Prüfungsausschuss) die vorbereiteten Inhalte vorzustellen. Die Inhalte werden im Vorwege gesammelt, ausgewählt, methodisch aufbereitet und ansprechend visualisiert. Während der Präsentation wird mithilfe wirkungsvoller sprachlicher und visueller Mittel der Inhalt so dargestellt, dass das Prüfungsziel erreicht wird. Dabei soll der Prüfling darstellen, dass er in der Lage ist, für eine konkrete Problemstellung (die anhand einer konkreten Situationsaufgabe vorgegeben wird) eine Lösung zu erarbeiten und diese zu präsentieren. Im Anschluss an diese Präsentation folgt ein Fachgespräch, in dem Fragen zu den Themengebieten der Präsentation erörtert werden sollen. Im Fachgespräch werden dann einzelne Punkte der Präsentation bzw. vorgestellte Lösungsmöglichkeiten hinterfragt.

1.2 Was wird bei der mündlichen Prüfung bewertet?

Die mündliche Prüfung besteht aus zwei Teilen: der Präsentation und dem Fachgespräch. Dabei soll die Präsentation ca. 10, das Fachgespräch ca. 20 Minuten dauern. Genauso verhält es sich auch mit der Bewertung. Die Präsentation geht mit einem Drittel und das Fachgespräch mit zwei Drittel in die Bewertung ein. Die Präsentation und das Fachgespräch werden getrennt voneinander bewertet.

Weitere Bewertungskriterien können sein:

- Praxisgerechte Darstellung des Themas (Praxistauglichkeit, Inhalt und Verständlichkeit, Fachbegriffe),
- Ansprache des Publikums,
- Struktur der Präsentation (roter Faden),
- Darstellung (Gliederung und Gestaltung der Folien, Metaplankarten o. a.),
- Auswahl und Einsatz verschiedener Medien,
- Auftreten des Teilnehmers (Sprache, Kleidung, Verhalten),
- die Einhaltung der vorgegebenen Präsentationszeit,
- Antwortverhalten im Fachgespräch.

Bitte beachten Sie, dass diese Kriterien nur eine Auswahl darstellen. Wir werden sie nachfolgend noch etwas vertiefen. Je nach Kammer bzw. nach Prüfungsausschuss kann die Gewichtung dieser Kriterien variieren. Da die einzelnen Kammern als zuständige Stellen die konkrete Durchführung der Prüfung gestalten, kann es weitere örtliche Abweichungen geben. So kann es sein, dass Prüfer zusätzlich über die Situationsaufgabe hinausgehende fachliche Fragen stellen. Erkundigen Sie sich bitte im Vorfeld, wie dies an Ihrem Prüfungsort gehandhabt wird.

> **!** Die Kriterien zeigen Ihnen, worauf die Prüfer/-innen achten. Richten Sie Ihre Vorbereitung darauf aus und trainieren Sie betreffende Kompetenzen.

Die im Folgenden beispielhaft dargestellten Checklisten und Formulare geben Ihnen Anhaltspunkte. Auch kann es hilfreich sein, wenn Sie bisherige Absolventen danach fragen, worauf die Schwerpunkte der Bewertung in ihrer Prüfung lagen.

Beispiel: Checkliste zur Beobachtung

Beginn und Ende der Präsentation

- Wie erfolgt die Begrüßung der Zuhörenden und welchen ersten Eindruck vermittelt der Prüfling?
- Kann der Prüfling den Kontakt zu den Zuhörenden herstellen und halten?
- Wie schließt der Prüfling die Präsentation ab und fasst er/sie am Ende nochmals kurz zusammen?

Zielerreichung bei der Präsentation

- Sind die Kernpunkte der Präsentation klar?
- Ist das Ziel verständlich vermittelt worden?
- Welche Erkenntnisse haben die Zuhörenden gewonnen?

Struktur der Präsentation

- Gliederung logisch und sinnvoll?
- Fazit als realistischer Beratungsvorschlag?

Medieneinsatz bei der Präsentation – Kriterien für Whiteboard/Tafel/Flipchart und analog für Folien

- Gestaltung und Lesbarkeit (Schriftgröße, Unterstreichungen, Vermeiden von roter Schrift, Farbe zur Strukturierung)
- Sinnvolle Textmengen (Beschränkung auf Kernpunkte)
- Lesbarkeit von allen Plätzen aus gewährleistet?
- Nutzung von Abbildungen, deutliche Abbildungen?
- Passende Dramaturgie (Einbindung der Texte in den Vortrag, Umblättern beim Flipchart/Folienwechsel, Sprechen mit Blick zu den Zuhörenden)
- Bei Folien: angemessene Sprechzeit pro Folie
- Technische Vorbereitung (Verfügbarkeit und Funktionsfähigkeit der Geräte überprüft?)

Vortrag und Körpersprache bei Präsentation und Fachgespräch

- Haltung des Vortragenden (aufrecht, entspannt?)
- Blickkontakt zum Publikum gehalten?
- Bewegungen des Vortragenden (locker, nicht verkrampft?)
- Gesprochenes mit Gestik unterstützt?
- Sprechen des Vortragenden (artikuliert, verständlich, passende Lautstärke?)
- Sprechtempo angemessen (normal, mit Pausen)?

Zeitmanagement bei der Präsentation

- Zeitplanung eingehalten, zu Ende gekommen?
- Zeit angemessen eingeteilt (richtiges Verhältnis von Einleitung, Hauptteil, Schluss)?

Beginn des Fachgesprächs

- Fragen zum Inhalt der Präsentation als Anknüpfung für das Fachgespräch
- Fragen zu Gestaltung, Vortrag und Medieneinsatz der Präsentation
- Klärungspunkte zur Präsentation (Lücken, Unklarheiten)

Bewertung des Fachgesprächs

- Berufserfahrung gut eingebracht?
- Richtigkeit der Antworten
- Eingehen auf Einwände, Argumentationsfähigkeit
- Umgang mit dem Feedback

Diese Checkliste nennt typische Aspekte und darauf fußen „Beobachterbogen“, die die Prüfer/-innen unterstützen, sich systematisch Notizen zum Verlauf der Präsentation und des Fachgesprächs zu machen, Die IHKs nutzen vielfach noch weiter reichende Bewertungsbogen, in denen die Kriterien genauer umrissen und auf Skalen angeordnet sind, sodass die Prüfer/-innen die gezeigten Leistungen ankreuzen können. Nachfolgend sind Beispiele für die Bewertung der Präsentation gezeigt.

Prinzipieller Aufbau eines Bewertungsbogens für die Präsentation/Beispiel

	von ...	++	+	0	–	– –	... bis
Struktur	klar, komplett mit Einstieg, Hauptteil und Schluss, Überleitungen und Fazit vorhanden						gar nicht erkennbar, logische Sprünge, fehlende Teile
Inhalt	sachlich richtig, Kern- und Nebenaspekte passend gewichtet						sachliche Fehler enthalten, Kernpunkte zu knapp, Randpunkte zu ausschweifend
Sprache	verständlich, sprachlich richtig, gute Ausdrucksweise, eigenständig formuliert, unter Verwendung von Fachsprache						unverständlich, unbeholfen, unsicher, nicht zutreffende Worte und Begriffe, keine Fachbegriffe
Visualisierung	übersichtlich, ansprechend, mit Hervorhebungen, aussagekräftige Schaubilder						unübersichtlich, überladen, keine oder verwirrende Schaubilder/Tabellen, Fehler
Medieneinsatz	angemessen, richtig genutzt und bedient, funktionierend						unangemessen, fehlende Bedienungskompetenz, nicht funktionierend

Prinzipieller Aufbau einer Bewertungsmatrix für die Präsentation/Beispiel (auszugsweise)

	(konkrete Punktangaben)							
Kriterien und Gewichtung	10	...	7	...	3		0	Punkte
Aufbau und inhaltliche Struktur mit sachlicher Gliederung, Logik und Zielorientierung z. B. 40 %	optimal, komplett richtig, konsequent zielorientiert	...	sinnvoll, im Allgemeinen richtig, weitgehend zielorientiert	...	Struktur kaum erkennbar, Fehler enthalten, gering zielgruppenorientiert	...	ohne Systematik, stark fehlerhaft, Zielgruppenorientierung ignoriert	
Sprachliche Ausgestaltung mit Ausdrucksweise, sprachlicher Richtigkeit und Stil z. B. 20 %	in jeder Hinsicht vorbildlich	...	weitgehend gut, richtig und angemessen	...	mit größeren Schwächen, groben Fehlern, deutlichen Mängeln	...	unverständlich, mehrfach grobe Fehler, zu geringer Wortschatz	
Zielgruppengerechtes Vorgehen hinsichtlich eigenen Auftretens, Visualisierung, Medieneinsatz z. B. 40 %	optimal und voll zum Thema passend	...	überwiegend zielgruppenbezogen und weitgehend zum Thema passend	...	meist nicht zielgruppengerecht, schlecht passend	...	unangemessenes Auftreten, fehlende Visualisierung, ungeeignete/keine Medien	

Die Bogen variieren in den einzelnen IHKs und die Abstufung zwischen den Punktwerten fällt teilweise in den Ermessensspielraum der Prüfer/-innen, die die Beschreibungen als grundlegende Hilfestellung nutzen. Für Ihre Prüfungsvorbereitung kommt es nicht darauf an, die Abstufung der Kriterien detailliert nachzuvollziehen. Sondern die Kriterien als solche formen Ihr Ziel, nämlich durch eine hinreichende Prüfungsvorbereitung mit Übung der Präsentation dem Optimum hinsichtlich aller Kriterien möglichst nahezukommen.

Die Gesamtbewertung ergibt sich daraus, dass die Prüfer ihre Punkte summieren und ihre Summen meist mittels eines Protokolls zusammenführen.

Beispiel: Prüfungsprotokoll (Muster)

Kopfeintrag der prüfenden Institution (betreffende IHK)
Titel (z. B. „Prüfungsprotokoll“) Organisatorisch und rechtlich notwendige Detailangaben, insbesondere Art der Prüfung (Präsentation und Fachgespräch Wirtschaftsfachwirt), Name des Prüfungsteilnehmers, Datum, Uhrzeit, statistische Einträge etc.)

Präsentation (Regeldauer ca. 10 Min.) Vorgabe möglicher Kriterien (z. B. Beginn, Problemstellung, Agenda, Zeitmanagement, Visualisierung, Vortragsweise) ... Notizen/Kommentare ...	Einzelbewertung	Punkte	Verwaltungsangaben
	(Prüfer A)		
	(Prüfer B)		
	(Prüfer C)		
Situationsbezogenes Fachgespräch (Regeldauer ca. 20 Min.) Vorgabe möglicher Kriterien (z. B. Fachwissen, Argumentationsfähigkeit, Umgang mit Einwänden) ... Notizen/Kommentare ...	Einzelbewertung	Punkte	Verwaltungsangaben
	(Prüfer A)		
	(Prüfer B)		
	(Prüfer C)		

Gesamtergebnis (Zusammenfassung der Punkte)					
Präsentation		x 1			Ergebnis der mündl. Prüfung
Fachgespräch		x 2			
Präsentation und Fachgespräch gesamt (Summe)				: 3	

Ein derartiges Formular dient der rechtssicheren Protokollierung und der Berechnung des Gesamtergebnisses der mündlichen Prüfung in Form einer Punkteanzahl. Dabei geht die in der Prüfungsverordnung vorgesehene Gewichtung zwischen Präsentation (ein Drittel) und Fachgespräch (zwei Drittel) in die Rechnung ein.

1.3 Finden eines Themas

Beim Handels-, Industrie- und Immobilienfachwirt muss der Prüfling zum Tag der schriftlichen Prüfung eine Situationsaufgabe einreichen, die das Thema der mündlichen Prüfung darstellt. Die Prüfungsverordnungen nennen auch Themenschwerpunkte, aus denen die jeweiligen Themen gewählt werden können. Da sich dieser Bereich bei den einzelnen Fachwirten unterscheidet, wird das genaue Vorgehen in Kapitel 5 beschrieben.

! **Achten Sie bitte bei der Auswahl Ihres Themas darauf, dass es möglichst Ihrer täglichen Arbeitspraxis und (noch wichtiger) Ihren vorhandenen Fachkenntnissen entspricht.**

Im Idealfall wählen Sie eine konkret vorliegende Problemstellung aus Ihrem Unternehmen und erarbeiten dafür eine praxisgerechte Lösung. Diesen Lösungsvorschlag reichen Sie als Thema für Ihre mündliche Prüfung ein. Da Sie eine real in Ihrem Unternehmen bestehende bzw. bearbeitete Fragestellung nutzen können, haben Sie es in der Hand, ein Thema zu wählen, in dem Sie sich gut auskennen und schon gearbeitet haben. Je mehr Praxisbezug Sie haben und je sicherer Sie im Thema sind, desto besser wird auch Ihre mündliche Prüfung.

Zugleich können Sie damit in Ihrem Unternehmen zeigen, dass Sie in der Lage sind, eine konkrete betriebliche Situation zu analysieren und eine mögliche Lösung anzubieten.

2 Grundlagen des Präsentierens

© Fotolia/Kzeno

Sie machen sich mit den Grundlagen von Erstellung und Vortragen einer Präsentation vertraut.

- Vorgehen während der Präsentation
- Gestaltung der Präsentation
- Medieneinsatz

Zum Thema Präsentieren gibt es ausführliche Literatur. Auch im Fortbildungslehrgang für Ihren Fachwirt / Ihre Fachwirtin sollte Präsentieren inhaltlich behandelt worden sein, denn das Thema steht im Rahmen von Managementtechniken in einigen Lehrplänen.

Außerdem haben Sie wahrscheinlich in Ihrer betrieblichen Praxis mehr oder weniger oft und je nach Ihrem Beruf auch unterschiedlich intensiv Präsentationen vorbereitet und gehalten. Deshalb kann es in diesem Buch nicht darum gehen, Präsentieren noch einmal vollständig und ausführlich darzustellen.

Sondern Sie finden hier eine bewusst knappe Zusammenfassung des Wichtigsten, worauf Sie achten müssen, sodass Sie das Kapitel in der nur beschränkten Zeit, die Ihnen vor Ihrer Prüfung zur Verfügung steht, auch gewinnbringend durcharbeiten können. Im Kapitel 4 zur Vorbereitung werden Sie noch etwas mehr dazu erfahren, wie Sie sich Ihre Zeit gezielt einteilen können.

Ein Kerntipp zu jeder Präsentation lautet: Richten Sie Ihre Präsentation auf Ihre Zuhörer aus. Das gilt natürlich auch für Ihre Präsentation in der Prüfung. Ihre Zuhörer sind die Prüfer, und zwar in der Rolle derjenigen, an die sich die Präsentation inhaltlich richten würde, wenn sie in der Praxis stattfände.

> **!** **Das Vortragen und Diskutieren Ihrer Präsentation in der Prüfung kann als Rollenspiel verstanden werden. Die Prüfer stehen in der Rolle der Adressaten. Sie selbst übernehmen eine Rolle je nach Situationsaufgabe.**

Auf diesen Blickwinkel der Rollen kommen wir in Kapitel 7 beim Ablauf der konkreten Vorbereitung Ihrer Präsentation nochmals zurück.

2.1 Verhalten während der Präsentation

Ihr Verhalten während der Präsentation wird vom Prüfungsausschuss bewertet. Dabei sollten die unterschiedlichen Punkte berücksichtigt werden, die in Kapitel 1 bereits aufgezeigt wurden.

Körperhaltung

Mit einer ausdruckslosen Körperhaltung lässt sich ein Prüfungsausschuss genauso wenig überzeugen wie jedes andere Publikum. Ein Prüfling, der mit den Händen in den Hosentaschen und gesenktem Kopf den Prüfungsausschuss für seinen Lösungsvorschlag begeistern will, dürfte sein Ziel nicht erreichen. Stellen Sie sich jedoch mit aufrechter Körperhaltung vor Ihr Publikum, so wird der Prüfungsausschuss Ihre Botschaft verstehen und annehmen.

> **!** **Die Körperhaltung sollte Interesse oder – noch besser – Begeisterung ausstrahlen. Dies lässt sich durch stetiges Üben erlernen.**

Die folgenden Punkte tragen zu einer aktiven Körperhaltung bei, die die Bereitschaft zum Handeln signalisiert:

Damit erreichen Sie eine aktive Körperhaltung

- Freier Stand (nicht anlehnen, nicht festhalten),
- Füße hüftbreit auseinander stellen (nicht auf den Zehenspitzen wippen),
- Knie leicht gebeugt halten,
- gelegentlicher, langsamer Wechsel von einem Standbein auf das andere,
- Hände oberhalb der Gürtellinie vor dem Körper halten (nicht mit Stiften spielen),
- nicht auf einem Punkt stehen bleiben. sondern während der Präsentation den eigenen Standort hin und wieder wechseln.

Unbedingt beachten:

- Der Prüfling darf das gewählte Medium nicht verdecken – er sollte aktiv mithilfe des Mediums präsentieren.

Blickkontakt

Durch den Blickkontakt mit dem Prüfungsausschuss fühlen sich dessen Mitglieder direkt angesprochen und vom Prüfling wahrgenommen. Der Blickkontakt ermöglicht es dem Prüfling. bei den Zuhörern die Aufmerksamkeit zu steigern. Dabei sollte der Blick gleichmäßig und nicht zu intensiv auf einzelne Zuhörer fixiert sein. Gleichfalls vermeidet es der Prüfling, seinen Blick überwiegend auf die Folien und Charts zu richten – natürlich dreht er sich auch nicht dauernd zu seinen Medien (Tafel, Flipchart, Metaplanwand etc.).

Sprachliche Mittel

Auch bei der Wahl der sprachlichen Mittel orientiert sich der Prüfungsteilnehmer an seinen Zuhörern. In den allgemein anzutreffenden Tipps über Präsentationen wird oft dazu geraten, mit möglichst wenig Fremdwörtern zu arbeiten. Die Präsentation soll verständlich sein. Natürlich soll auch Ihre Präsentation verständlich sein, aber es geht um fachliche Inhalte und es besteht eine besondere Situation:

! In der mündlichen Prüfung ist dennoch ein bestimmtes Maß an Fachvokabular gewünscht und gefordert (d.h. es sollen auch gängige Fachbegriffe/Schlagwörter genannt werden). Der Prüfling muss sie in jedem Fall aber erklären können.

In der Regel führt der Prüfungsteilnehmer seine Präsentation in der Gesamtheit ohne Zwischenfragen durch. Erst mit dem nachfolgenden Fachgespräch beginnt der Prüfungsausschuss mit seinen Fragen zum Thema der Präsentation. Dabei ist zu beachten, dass der jeweilige Prüfungsausschuss das Recht hat, auch Fragen aus anderen Fachbereichen des jeweiligen Fachwirtelehrgangs (z. B. aus Marketing oder Rechnungswesen) im Zusammenhang mit dem Thema der Präsentation zu stellen.

Seitens des Prüflings unterbleiben in der Regel während der Präsentation und des Fachgesprächs Fragen an den Prüfungsausschuss – eine Ausnahme bildet hier nur die Klärung von Verständnisfragen.

Eine angemessene **Sprechtechnik** rundet die Präsentation ab. Hierzu gehören die Lautstärke, das Sprechtempo, eventuelle Sprechpausen, die als stilistische Mittel eingesetzt werden.

Die richtige **Atemtechnik** ist unerlässlich. Mit genügend Sauerstoff in der Lunge wird das Lampenfieber bekämpft und die Präsentation mit überzeugender Stimme abgehalten. Die richtige Atemtechnik erlaubt es dem Prüfling, nur dort Atem zu holen, wo die Ausführungen sinnvolle Pausen erlauben. Ansonsten wirkt der Vortrag leicht hektisch und der Prüfling unsicher.

Im **Fachgespräch** beantwortet der Prüfungsteilnehmer die Fragen des Prüfungsausschusses. Der Prüfungsteilnehmer bedient sich während des Fachgesprächs einer angemessenen **Ausdrucksweise**. Dialekt sollte möglichst vermieden werden, Umgangssprache ist in keinem Fall angebracht. Die Situation kann durchaus mit einem Vorstellungsgespräch verglichen werden, in welchem sich der Bewerber von seiner besten Seite zeigt. Ein Prüfungsteilnehmer, der sich entsprechend verhält, und dann auch noch inhaltlich punktet, wird den Prüfungsausschuss für sich und seine Vorstellung gewinnen.

Lampenfieber

Unter Lampenfieber versteht man die Anspannung, Nervosität und Stress vor einem öffentlichen Auftritt, einer Prüfung oder einer gefährlichen Aufgabe. Manchem Prüfungsteilnehmer mag die Prüfung tatsächlich wie eine „gefährliche Aufgabe“ vorkommen.

Lampenfieber äußert sich meist durch Schweiß, Zittern, Stottern, rote Flecken auf Hals und Gesicht, Atemnot. Als Gründe für Lampenfieber gilt häufig die Angst, Erwartungen nicht zu erfüllen. Auch die Angst, von anderen bewertet zu werden und sich dabei zu blamieren, die ungewohnte Umgebung oder schlicht die Angst vor der Angst können dazu führen, dass das Lampenfieber sich zu einem „Blackout“ steigert. Dem Prüfungsteilnehmer gelingt dann nichts mehr und selbst einfache Fragen des Prüfungsausschusses können nicht mehr beantwortet werden.

Leichtes Lampenfieber vor einer Prüfung ist völlig normal und gibt keinen Anlass zur Sorge. Schließlich geht es in der Prüfung um etwas, auf das sich der Prüfungsteilnehmer in der Regel über einen längeren Zeitraum intensiv vorbereitet hat. Da ist es völlig in Ordnung, nervös zu sein. In Ratgebern gegen Lampenfieber wird sogar oft dargelegt, dass ein bestimmtes Grundmaß an Lampenfieber die beste Voraussetzung für einen guten Vortrag oder Auftritt ist.

Einige Tipps und Tricks helfen jedoch, die Nervosität im Zaum zu halten. Zum einen ist die fachliche, inhaltliche Vorbereitung auf die Prüfung das beste Mittel um mehr Sicherheit zu gewinnen. Zum anderen ist die persönliche Vorbereitung ein Weg, um sich wohlzufühlen und Selbstsicherheit auszustrahlen (siehe dazu Kapitel 4).

Was man kurzfristig und konkret gegen Lampenfieber tun kann, ist in der folgenden Übersicht zusammengestellt.

Kurzfristige Hilfen gegen Lampenfieber

Am Abend vor der Prüfung:

- Unbedingt Sport treiben, das baut überschüssiges Adrenalin ab.
- Gehen Sie beispielsweise in die Sauna oder treffen Sie sich mit Freunden.
- Trinken Sie keinen Alkohol.
- Und lernen Sie vor allem nicht mehr für die Prüfung!
- Gehen Sie früh schlafen.
- Legen Sie sich bereits am Abend alle benötigten Unterlagen/Materialien bereit, damit der Morgen nicht mit Hektik beginnt.
- Zu den Unterlagen gehört auch die Adresse des Prüfungsortes; wenn Sie vorher noch nicht dort waren, schauen Sie sich den Weg an und klären Sie Ihre Anreise.

Am Morgen vor der Prüfung:

- Planen Sie genügend Zeit für die Anreise ein.
- Versuchen Sie rechtzeitig (also ein paar Minuten vorher) am Ort der Prüfung zu sein.

2.2 Gestaltung der Präsentation

Um eine Präsentation lebendig und abwechslungsreich zu gestalten, bieten sich verschiedene Gestaltungselemente an. Unabhängig vom Präsentationsmedium sorgen diese für Rhythmus und Dynamik innerhalb des Vortrags.

Erstellung der Präsentation

Bevor Sie mit der konkreten Erstellung Ihrer Präsentation beginnen, klären Sie wichtige Punkte ab und erstellen Sie für sich vor allem einen Leitfaden:

- **Thematik**: Über welches Thema soll referiert werden und welche Schlagwörter und Begriffe sind wichtig?
- Welchen **Umfang** bzw. welche Tiefe soll die Präsentation haben?
- Welche **Position** nehmen Sie im Rahmen der Präsentation ein?
- Welche **Rahmenbedingungen** sind vorgegeben (Uhrzeit, Dauer, Medieneinsatz)?

Grundsätzlicher Aufbau einer Präsentation

Beim Aufbau der Präsentation achtet man am besten auf folgende, im Grunde einfache und standardmäßige Gliederung:

- **Einleitung** – Vorstellung der Person, Vorstellung des Unternehmens, Erläuterung der Ausgangssituation.
- **Hauptteil** – Nennung und Erläutern von möglichen Lösungsansätzen, Erwähnung von Chancen und Risiken,

- **Abschluss** – hier ist das Fazit und ggf. eine kritische Würdigung vorzunehmen. Der Prüfling erläutert, wie und in welchem Zeitraum die Lösungen umgesetzt werden und welche Punkte ggf. bei der Umsetzung zu beachten sind.
- Eröffnung der **Diskussions-/Fragerunde** (Übergang ins Fachgespräch).

Für den Erfolg der Präsentation sind drei „**Verständlichmacher**" wichtig:

- **Ausgangssituation** und **Lösungen klar** und **einfach** (auch für Fachfremde) **darstellen**; sofern eine Problemstellung aus Ihrem konkreten Betrieb als Situationsaufgabe gewählt wird, muss die Darstellung natürlich auch so erfolgen, dass sie für Betriebsfremde verständlich wird.
- Eine **Struktur** in der Präsentation beibehalten, damit das Publikum folgen kann (**roter Faden**).
- Das **Publikum** zum Nachdenken bzw. Fragen anregen.

2.3 Medien

Die Wahl der passenden Präsentationsmedien hängt sowohl von den Inhalten der Präsentation als auch von den örtlichen Gegebenheiten ab.

Grundsätzlich ist es empfehlenswert, dass der Prüfling eine angemessene Medienkombination (z. B. Agenda auf Flipchart, Präsentation auf Overheadprojektor sowie Ausgabe eines Handouts) nutzt. Wann immer möglich, sollte der Prüfling also mehrere Medien einsetzen. Dadurch zeigt er dem Prüfungsausschuss seine Kompetenz im Umgang mit den verschiedenen Präsentationsmedien. Die jeweilige Ausgestaltung ist bei den einzelnen Fachwirtelehrgängen jedoch unterschiedlich.

Generell ist auch zu bedenken, dass sich in einer Präsentationszeit von ca. 10 Minuten natürlich nur begrenzt wenige Medien nutzen lassen. Die folgende Übersicht über die Medien darf also nicht als Aufforderung missverstanden werden, möglichst viele davon zu verwenden. Sondern:

> **!** Wählen Sie sehr sorgfältig zum Thema passend (und je nachdem, welche Medien vor Ort zugelassen und verfügbar sind) zwei bis drei Medien für Ihre Präsentation aus.

Flipchart

Das Flipchart ist generell mit seinen Chartbogen für die Illustration von Leitideen, für Bilder und Zeichnungen sehr gut geeignet, um komplexe Gedankengänge zu dokumentieren.

> **!** Für die Fachwirtepräsentation eignet es sich aus diesem Grunde in erster Linie zur Darstellung der Agenda während der Präsentation.

Falls möglich, empfehlen wir die sachgerechte Vorbereitung der Charts im Vorwege (übersichtlich und mit ansprechendem Schriftbild). Die Inhalte bleiben während der Präsentation dauerhaft sichtbar. Natürlich kann ein Flipchart auch zur Anfertigung von Zeichnungen und Skizzen während der Präsentation oder des Fachgesprächs verwendet werden. Beachten Sie aber, dass daraus schnell ein „Zeitfresser" werden kann.

Metaplanwand

Die Metaplanwand eignet sich generell, um Diskussionsprozesse individuell und ohne großen Aufwand zu strukturieren und zu visualisieren.

Im Falle der Fachwirtepräsentation bietet die Metaplanwand dem Prüfling die Möglichkeit, sein Thema einfach und übersichtlich zu präsentieren. Durch den Einsatz von farbigen Metaplankarten zeigt der Prüfling dem Prüfungsausschuss die Inhalte und die Struktur der Präsentation in einer optimalen Weise, auch durch die Verwendung von vorgefertigten Grafiken, Moderationskarten, Skizzen und Bildern (für Wirtschaftsfachwirte ist hier Vorsicht geboten, sie müssen beachten, was in der begrenzten Vorbereitungszeit tatsächlich vorgefertigt werden kann).

! Ein kleiner Tipp: Stellen Sie in Ihrer Präsentation mögliche Vorteile oder Chancen stets in Grün, mögliche Nachteile oder Risiken stets in Rot dar.

Wandtafel/Whiteboard

Bei manchen Handelskammern steht Ihnen zur Prüfung auch eine Tafel/ein Whiteboard zur Verfügung. Diese eignen sich insbesondere für spontane handschriftliche Mitteilungen. Informationen können unmittelbar notiert und korrigiert werden.

! Dieses Medium sollte jedoch nur verwendet werden, wenn der Prüfling über ein entsprechendes Schriftbild verfügt.

Overhead-Folien

Bis vor Kurzem war der Einsatz von Overhead-Folien das Medium, das am häufigsten bei Präsentationen eingesetzt wurde. Allerdings wird dieses Medium mehr und mehr durch moderne Technik ersetzt. Overhead-Folien können während der Präsentation nachträglich noch ergänzt werden. Dies kann vor allem dann sinnvoll sein, wenn der Prüfling eine Aussage mithilfe einer Skizze verdeutlichen möchte. Dabei ist auch hier ein ansprechendes Schriftbild bzw. eine saubere Darstellung vorteilhaft.

Der Einsatz von Overhead-Folien ist für den Prüfling die sicherste Methode, da die Kammern weit überwiegend einen Overheadprojektor zur Verfügung stellen und bei Ausfall der Technik für Ersatz sorgen (bitte vorsichtshalber vorab abklären).

Die meisten Prüflinge fertigen Folien im Vorfeld mit einer professionellen Software an (beachten Sie dazu die Grundsätze zur Foliengestaltung auf der nächsten Seite).

Beamer und Notebook

In der Regel ist ein Beamer/PC für große Gruppen und Präsentationen mit starker Informationsorientierung sinnvoll. Bei den Fachwirteprüfungen sind nur die Prüfungsausschussmitglieder (3 bis 5 Personen) anwesend. Dennoch bietet der Beamer auch hier **Vorteile**:

- Er liefert ein großes Bild.
- Die verfügbaren Präsentationsprogramme (z. B. Powerpoint, Prezy) unterstützen die Möglichkeit, eine ansprechende und abwechslungsreiche Präsentation zu gestalten (Vorsicht – übertreiben Sie es bitte nicht).
- Gleichzeitig lassen sich optisch ansprechende Handouts erstellen, die dem Prüfungsausschuss im Anschluss an die Präsentation ausgehändigt werden können.

Beispiele für ansprechende Präsentationsseiten und daraus gedruckte Handouts finden sich in den Musterprüfungen in Kapitel 8.

Wichtiger Hinweis
Beim Einsatz eines Beamers/Notebooks ist die Funktionsfähigkeit vor der Präsentation rechtzeitig zu prüfen, insbesondere wenn der Prüfungsteilnehmer diese Medien in Eigenregie zur Prüfung mitbringt. Nicht alle Kammern stellen den Prüflingen diese Medien zur Verfügung. In diesem Fall trägt der Prüfling die alleinige Verantwortung für einen reibungslosen Ablauf seiner Präsentation. Grundsätzlich ist daher zu empfehlen, sich im Vorfeld mit der entsprechenden Technik ausreichend vertraut zu machen und für den Notfall eine Ersatzpräsentation in Form eines anderen Mediums (z. B. Overhead-Folien) zur Verfügung zu haben.

Powerpointpräsentation

Wenn mit Beamer und Notebook gearbeitet wird, findet dies überwiegend in Form einer Powerpoint-Präsentation statt. Der größte Vorteil von Powerpoint ist darin zu sehen, dass die Präsentationsseiten mit ein paar Vorkenntnissen relativ einfach zu ergänzen und zu verändern sind. Außerdem ist es möglich, die Aufmerksamkeit des Prüfungsausschusses durch den abwechslungsreichen Einsatz von Animationen oder Bildern zu steigern. Zu beachten ist, dass nicht zu viele Seiten (max. 8 bis 10) verwendet werden, damit es nicht zu einer „Folienschlacht“ kommt. Außerdem ist auch gerade bei dieser Form der Präsentation die knappe Zeit zu beachten.

Foliengestaltung

Für die Erstellung der Folien – dies gilt für klassische (Overhead-)Folien und für Powerpointseiten – gibt es wichtige Grundsätze, die zu beachten sind. Die nachfolgende Liste ist schon zu lang, um sie einfach im Kopf zu behalten. Deshalb:

! Verwenden Sie die Übersicht der Gestaltungsgrundsätze als Checkliste. Gehen Sie beim Entwurf Ihrer Präsentation Punkt für Punkt durch, was Sie berücksichtigt haben, und bessern Sie nach, was Sie noch nicht beachtet hatten.

Grundsätze zur Foliengestaltung

Inhaltlich
- Jede Folie hat eine Überschrift.
- Einheitliche Struktur und Gliederung beachten, damit der rote Faden erkennbar ist.
- Stichpunkte oder eher kürzere Sätze verwenden (Kernaussagen müssen klar und deutlich sein) – den Rest erläutert der Prüfling mündlich.
- Nur Stichpunkte verwenden, die man selbst auch erklären kann.
- Aussagen durch Grafiken/Bilder veranschaulichen. Charts müssen ggf. erläutert werden können. Da Bilder auflockern, ist dies zugleich ein gestalterisches Kriterium.

Gestalterisch und organisatorisch
- Bei der Foliengestaltung das Querformat nutzen.
- Jede Folie hat eine Nummer.
- Nicht mehr als 4 bis 6 Zeilen auf einer Folie.
- Schriftgrößen beachten (Folientitel 40 pt, Gliederungsebenen bis 20 pt).
- Max. zwei verschiedene Schrifttypen benutzen (Überschrift und Text).
- Harmonische und einheitliche Farbgebung beachten, um die Lesbarkeit zu gewährleisten.
- Beachten Sie, dass Farben auf dem Bildschirm anders wirken können als auf der Leinwand.

Beispiel einer einfachen Folie

- Folie hat große **Überschrift**, diese hier in einer serifenlosen Schrift
- Für die **Unterpunkte** eine andere Schriftart gewählt und diese passend kleiner gesetzt
- Formulierung in **Stichpunkten** bis Halbsätzen
- **Farbe** gezielt zur Hervorhebung von Stichworten
- Folie als Beispiel für eine Checkliste in Form einer Aufzählung (= **aufzählende Struktur**)
- **Bild** in diesem Fall als Auflockerung

→ Weitere Foliebeispiele in Kapitel 8!

Mündl. Prüfung / Präsentation / Seite 2

Handout

Im Anschluss an die Präsentation ist es sinnvoll, ein Handout an den Prüfungsausschuss auszuteilen. Die Verwendung eines Handouts unterstreicht die Medienkompetenz des Prüflings und rundet das Gesamtbild einer Präsentation positiv ab. Dieses Handout kann auf verschiedene Arten gestaltet werden:

- Sie drucken Ihre bereits vorhandenen Folien aus und geben diese gebunden aus,
- Sie fassen wichtige Aussagen auf einem DINA4-Blatt zusammen.

Zu beidem finden Sie Beispiele in den Musterprüfungen in Kapitel 8.

Abschließend eine Übersicht über die Vor- und Nachteile der Präsentationsmedien:

Präsentationsmedien	
Vorteile	**Nachteile**
Flipchart	
• Aufzeichnungen bleiben erhalten • Gestell ist leicht zu bewegen • Einfache Handhabung	• Beim Schreiben ist man der Gruppe abgewandt • Aufzeichnungen können nicht gelöscht werden • Handschrift nicht immer leserlich
Whiteboard/Wandtafel	
• Kostengünstig • Schreibfehler können sofort korrigiert werden. • Unmittelbare Aufzeichnung	• Beim Schreiben ist man der Gruppe abgewandt • Umständlicher Transport • Ergebnisse werden weggewischt
Overheadprojektor	
• Kein Abdunkeln erforderlich • Einfaches Erstellen der Folien • Änderung der Reihenfolge möglich • Abdecken von Textteilen möglich	• Projektionswand ist erforderlich • Technischer Aufwand • Schwer zu transportieren
Pinnwand	
• Große Fläche • Schnelle Sammlung von Ideen • Umstecken und neu ordnen ist möglich • Verschiedene Gestaltungselemente sind möglich	• Sperrig im Transport • Aufwendige Archivierung und Dokumentation • Beim Anpinnen ist man dem Publikum abgewandt
Beamer/Powerpoint	
• Viele Gestaltungsmöglichkeiten • Einfache Erstellung von Handouts • Große Projektionsfläche • Mix von Bildern und Text möglich	• Gefahr der „Überfrachtung" der Folien • Verdunkelung des Raumes nötig • Technischer Aufwand • Gute Kenntnisse des Programms nötig

3 Gesprächsführung

Sie üben Gesprächsführung und bauen Ihre persönliche Gesprächskompetenz aus.

- Verhalten während des situativen Fachgesprächs

Dieses Kapitel fällt kurz aus. Es gibt ausführliche Literatur über Gesprächsführung. Auch wird Gesprächsführung beim Thema Kommunikation im Fachwirtelehrgang mitbehandelt und als Berufstätige werden Sie im Betrieb immer wieder Gespräche führen. Auf diese Kenntnisse und Erfahrungen bauen Sie auf. Das situationsbezogene Fachgespräch hat natürlich einen anderen Rahmen als typische betriebliche Gesprächen: die Prüfungssituation an sich, der Prüfling sitzt als Einzelner mehreren Prüfern gegenüber und die Prüfer haben die Gesprächsleitung.

! **Vergegenwärtigen Sie sich diesen Rahmen vorab und üben Sie möglichst mehrfach das Fachgespräch, idealerweise durch professionelle Unterstützung oder mit anderen Prüflingen.**

Gespräche zu führen lässt sich nicht wirklich aus einem Buch erlernen (weshalb das Kapitel kurz ist). Das gilt übrigens auch für den Vortrag der Präsentation und wird in Kapitel 4 zur Vorbereitung gleich noch etwas näher ausgeführt.

Das Fachgespräch wird von einem Prüfer eröffnet und sollte mit einer sog. „Eisbrecherfrage" beginnen. Diese Frage wird gestellt, um dem Prüfungsteilnehmer den Einstieg in das Fachgespräch zu erleichtern. Die Frage ist entweder allgemeiner Natur oder zwar fachlich, hat aber meist noch keine größere Bedeutung. Üblich ist auch, Fragen zum Unternehmen zu stellen oder zu fragen, warum die betreffende Situationsaufgabe gewählt wurde.

Danach entwickelt sich das Gespräch interaktiv weiter, im Hin und Her der Fragen der Prüfer und der Antworten des Prüflings. Abgesehen davon, dass jede Situationsaufgabe anders ist und schon dadurch keine Prüfung der anderen gleicht, werden sich auch bei gleichem Thema Prüfungen immer anders entwickeln.

Beim Üben der Gesprächssituation können Sie also auch immer wieder andere Gesprächsverläufe und -varianten durchspielen und sich so auf alle möglichen Fälle vorbereiten. Hilfreich dabei ist es, wenn Ihr Gegenüber, mit dem Sie üben, ähnlich wie die Prüfer die unterschiedlichen Frageformen wählt.

Beispiele:
- **Einstiegsfragen** dienen als Überleitung zum gewählten Thema („Frau/Herr ... , beschreiben Sie uns doch kurz in ein paar Sätzen Ihren betrieblichen Auftrag.").
- **Wissensfragen** („Bitte beschreiben Sie die Vor- und Nachteile der Methode, für die Sie sich entschieden haben") bieten in der Regel einen niedrigen Schwierigkeitsgrad.
- **Deutungs- und Analysefrage**n bauen auf Wissensfragen auf. Es wird nach Erklärungen, Begründungen und Analysen gefragt – ein höherer Schwierigkeitsgrad.
- **Transferfragen** schließlich haben den höchsten Schwierigkeitsgrad – es wird danach gefragt, wie sich Ergebnisse und Erkenntnisse auf andere Situationen übertragen lassen.

Da der genauere Ablauf von der Fachrichtung abhängt, vertiefen wir das Thema im Kapitel 5 in den Abschnitten zu den jeweiligen Fachwirten.

4 Persönliche Prüfungsvorbereitung

Sie bereiten sich persönlich auf die Prüfung und die Prüfungssituation vor.

- Üben von Präsentationen, Umgang mit Medien, fachliche Vorbereitung
- Persönliche Vorbereitung, Verhalten und Auftreten am Prüfungstag

4.1 Üben von Präsentationen, Umgang mit Medien, fachliche Vorbereitung

Um in der Prüfungspräsentation erfolgreich zu sein, bedarf es der Beachtung einiger wichtiger Details.

Es empfiehlt sich immer, die Präsentation mehrfach und intensiv zu üben. Falls vor Ort keine Lerngruppe mit anderen Prüflingen gebildet werden kann, kann vielleicht das Angebot eines Bildungsträgers genutzt werden. Sinnvoll ist in jedem Fall das Üben vor Publikum (auch vor Freunden, Bekannten oder Arbeitskollegen) – vor allem, um ein Feedback zu bekommen, um anschließend an den Schwachpunkten arbeiten zu können. Auf diese Weise werden Sie Stück für Stück immer sicherer und professioneller.

> **!** **Üben Sie mehrfach Ihre Präsentation, und zwar unter Einhaltung der vorgegebenen Präsentationszeit.**

Der Hinweis auf die Einhaltung der Zeit kann nicht deutlich genug betont werden. Präsentationen laufen sehr leicht zeitlich aus dem Ruder und es wäre sehr ungünstig, wenn Sie Ihre Präsentation nicht zu Ende vortragen könnten.

Weiterhin gehört dazu, dass sich jeder Prüfling einer Fachwirteprüfung mit den verschiedenen Medien intensiv vertraut macht. Sobald Sie entschieden haben, mit welchen Medien Sie arbeiten werden, sollten Sie Ihre Präsentation auch tatsächlich mehrmals mit diesen Medien proben. Notfalls simulieren Sie die Situation (z. B. großes Packpapier statt Flipchart usw.).

Fachlich müssen Sie natürlich im Thema gut vorbereitet sein (siehe auch Kapitel 6). Denken Sie vor allem daran, dass Sie alle gängigen Schlagworte und Fachausdrücke des entsprechenden Prüfungsbereiches kennen und erläutern können, also nicht nur diejenigen, die Sie direkt in Ihrer Präsentation verwenden!

Vergessen Sie vor allem eine wichtige Grundregel nicht:

> **!** **Je mehr Erfahrungen Sie aus der Praxis mitbringen und je öfter Sie üben (natürlich gern vor Publikum), desto sicherer werden Sie in der mündlichen Prüfung.**

Vorbereitungsfahrplan

Bis zu dieser Stelle hat sich in diesem Buch bereits die folgende Liste von Vorbereitungsaufgaben für Sie ergeben:

- Üben Ihrer Präsentation,
- Vertrautmachen mit den Medien und
- Üben des Fachgesprächs.

Im Weiteren kommen noch dazu:
- Fachliche Vorbereitung und Wiederholen des Prüfungsstoffs und
- Ausarbeiten Ihrer Präsentation.

> **!** **Praxistipp/Anregung:** Beginnen Sie an dieser Stelle damit, einen konkreten Vorbereitungsfahrplan („Stundenplan") aufzustellen, und komplettieren Sie ihn beim weiteren Durcharbeiten des Buches.

Ermitteln Sie dazu zunächst, wie viel Zeit (Monate, Wochen, hoffentlich nicht nur Tage) Ihnen noch bis zur mündlichen Prüfung verbleibt. Legen Sie fest, wie viel Arbeitszeit (Stunden) Sie pro Woche auf die Prüfungsvorbereitung verwenden können, und errechnen Sie daraus Ihre gesamte Vorbereitungszeit. Dann ordnen Sie den Vorbereitungsaufgaben ein jeweiliges Zeitpensum zu und ordnen die Aufgaben anschließend in einem Stundenplan an. Einen großen Anteil wird die Erarbeitung Ihrer Präsentation einnehmen und diese steht am Anfang. Denn erst wenn die Präsentation steht, können Sie sie naturgemäß übungshalber halten. Die fachliche Vorbereitung kann parallel mitlaufen.

Beispiel Vorbereitungsfahrplan (Skizze)	
Periode 1	x Std. Präsentation erarbeiten + y Std. Stoffwiederholung
Periode 2	x Std. Präsentation erarbeiten + y Std. Stoffwiederholung
Periode 3	Urlaub
...	...
...	...
Periode ...	x Std. Medien ausprobieren + y Std. Stoffwiederholung
Periode ...	Präsentation üben + y Std. Stoffwiederholung
Periode ...	Präsentation mit Fachgespräch üben
Periode ...	x Std. Präsentation nachbessern + y Std. Fachbegriffe auffrischen
...	...
Periode ...	Präsentation mit Fachgespräch üben
...	...
Tag vor Prüfung	Nicht mehr lernen! Erholen!
xx.yy.20..	ZIELMARKE. DATUM DER MÜNDLICHEN PRÜFUNG

4.2 Persönliche Vorbereitung, Verhalten und Auftreten am Prüfungstag

Bei der ganz persönlichen Vorbereitung direkt vor und am Prüfungstag selbst können Sie eine Reihe von Punkten beachten; die folgenden Tipps sind nicht zwingend, haben sich aber regelmäßig bewährt. Vielleicht erscheint Ihnen das eine oder andere belanglos, aber alle Erfahrungen zeigen, dass die aufgeführten Punkte in aller Regel wirksam sind:

- Wenn möglich, den Prüfungsort einige Tage vor der Prüfung schon einmal in Ruhe aufsuchen.
- Am Prüfungstag möglichst ausgeruht zur Prüfung erscheinen.
- Der Situation angemessene Kleidung auswählen (Anzug, Kostüm, saubere Schuhe).
- Keine schwere Mahlzeit vor der Prüfung einnehmen.
- Keine kohlensäurehaltigen Getränke vor der Prüfung zu sich nehmen (Schluckauf!).
- Nehmen Sie sich für das Prüfungsgespräch eine Flasche stilles Wasser mit – mit trockenem Mund kann man schlecht reden.

Tipp: Wenn Sie diese Punkte gerade lesen und „abnicken", haben Sie noch nicht erreicht, dass Sie sie später auch beherzigen. Setzen Sie sich in Ihrem Vorbereitungsplan einen Merker ein paar Tage vor der Prüfung und schauen Sie sich diesen Abschnitt dann nochmals an. Planen Sie damit Ihren Prüfungstag!

Fachliche Vorbereitung

Natürlich ist es sehr wichtig, dass der Prüfling sich fachlich optimal auf die Präsentation und das Fachgespräch vorbereitet (Kapitel 6). Sie werden viele Themen gut beherrschen, aber dennoch wird Ihr Wissensstand Grenzen haben und es gibt Themen, die Sie weniger gut beherrschen. Sie können nicht verhindern, dass Prüfer auf solche Themen stoßen, aber Sie können von sich aus alles tun, sie möglichst zu umschiffen. Folgende Punkte sollten dazu besonders berücksichtigt werden:

- Von sich aus nur über Dinge sprechen, die man versteht (d. h. von sich aus kein „Fass aufmachen"),
- in der Präsentation bzw. dem Fachgespräch keine Begriffe wählen, die nicht erklärt werden können und natürlich
- gründliche Vorbereitung – standfest im Thema zu sein.

Alle Fachbegriffe und Schlagwörter, die Sie in der Ihrer Präsentation verwenden, müssen Sie kennen und erklären können. Recherchieren Sie daher gängige Begriffe genau.

5 Details zu den Prüfungsregelungen

Verordnung über die Prüfung zum anerkannten Fortbildungsabschluss Geprüfter Handelsfachwirt und Geprüfte Handelsfachwirtin

HdlFachwPrV

Ausfertigungsdatum: 13.05.2014

Vollzitat:

"Verordnung über die Prüfung zum anerkannten Fortbildungsabschluss Geprüfter Handelsfachwirt und Geprüfte Handelsfachwirtin vom 13. Mai 2014 (BGBl. I S. 527, 1708)"

§ 2 Zulassungsvoraussetzungen

(1) Zur ersten schriftlichen Teilprüfung nach § 3 Absatz 2 und 3 ist zuzulassen, wer

1. eine mit Erfolg abgelegte Abschlussprüfung in einem anerkannten dreijährigen kaufmännischen Ausbildungsberuf im Handel und danach eine mindestens einjährige Berufspraxis oder
2. eine mit Erfolg abgelegte Abschlussprüfung zum Verkäufer oder zur Verkäuferin oder in einem anerkannten kaufmännisch-verwaltenden dreijährigen Ausbildungsberuf und danach eine mindestens zweijährige Berufspraxis oder

§ 7 Wiederholung der Prüfung

(1) Jede Teilprüfung, die nicht bestanden ist, kann zweimal wiederholt werden.

(2) Die Anmeldung zur Wiederholung einer Teilprüfung muss spätestens zwei Jahre nach dem Tag der nicht bestandenen Teilprüfung erfolgen. Die Anmeldung kann sich auch darauf richten, dabei bestandene Teilprüfungen zwei Jahre nach dem Tag der bestandenen Teilprüfung einmal zu wiederholen. Werden bestandene Prüfungsleistungen erneut geprüft, gilt in diesem Fall das Ergebnis der letzten Teilprüfung.

Sie informieren sich eingehender über die Regularien und speziellen Anforderungen für „Ihren“ Fachwirt / „Ihre“ Fachwirtin.

- Prüfungsvoraussetzungen, Dauer
- Themen(bereiche)
- Spezielles zu Ablauf, Medien, Fachgespräch
- Abschluss, ggf. Wiederholung

In diesem Kapitel gehen wir auf die unterschiedlichen Anforderungen der einzelnen Fachwirte ein. Die Prüfungen bestehen immer aus einem schriftlichen Teil sowie aus einer mündlichen Prüfung (Präsentation und darauf folgendem Fachgespräch).

Die Voraussetzungen für die Durchführung des Fachgesprächs, die Dauer der mündlichen Prüfung, die Auswahl des Themas sowie die Vorbereitung sind je nach Fachwirt/-in unterschiedlich, deshalb umfasst dieses Kapitel je einen extra Abschnitt für jede Fachrichtung.

Diese Gegebenheiten sind in „Prüfungsverordnungen" festgelegt (ausführlich heißen diese „Verordnung über die Prüfung zum anerkannten Abschluss Geprüfter ...fachwirt/Geprüfte ...fachwirtin"). Sie werden vom Bundesministerium für Bildung und Forschung auf Grundlagen des Berufsbildungsgesetztes in Verbindung mit weiteren zuständigen Insitutitionen erlassen und im Bundesgesetzblatt veröffentlicht.

Die einzelnen Abschnitte in diesem Kapitel sind alle nach dem gleichen Schema aufgebaut:

- Welche Vorausetzungen müssen Sie für die mündliche Prüfung erfüllen?
- Wie lange dauert die mündliche Prüfung?
- Auf welche Themen bezieht sich die mündliche Prüfung?
- Wie läuft die Präsentation ab?
- Welche Medien können eingesetzt werden?
- Nach der Präsentation folgt das Fachgespräch
- Abschluss der Prüfung
- Wiederholung der Prüfung
- Ggf. Ergänzungsprüfung (nur Handels- und Immobilienfachwirt/-in)

Sie brauchen in diesem Kapitel nur den Abschnitt für Ihre jeweilige Fachrichtung zu lesen bzw. durchzuarbeiten. Als angehende/-r ...

- Handelsfachwirt/-in IHK → lesen Sie direkt weiter hier auf auf Seite 34
- Industriefachwirt/-in IHK → lesen Sie weiter auf Seite 40
- Immobilienfachwirt/-in IHK → lesen Sie weiter auf Seite 42

5.1 Mündliche Prüfung Geprüfter Handelsfachwirt / Geprüfte Handelsfachwirtin

Beim Handelsfachwirt besteht die besondere Situation, dass die bisherige Prüfungsverordnung (aus dem Jahr 2006) zum 1. Januar 2015 durch eine Neuafassung abgelöst wurde (veröffentlicht in 2014).

Es gibt eine Übergangszeit (bis zum 31.07.2018), in der begonnene Prüfungsverfahren nach der alten Verordnung zu Ende geführt werden können. Wer also beispielsweise in 2014 mit den schriftlichen Prüfungen begonnen hat, kann die noch fehlenden Prüfungsteile nach alter Regelung ablegen.

! Bitte achten Sie unbedingt darauf, was für Ihren konkreten Fall gilt und für welche Variante der mündlichen Prüfung Sie angemeldet sind.

Die folgenden Ausführungen beziehen sich auf die **neue Prüfungsverordnung**, zusätzlich sind jeweils Abweichungen nach der **alten Prüfungsverordnung** mit angegeben und **besonders kenntlich** gemacht (siehe dazu die auch Gegenüberstellung zu den Handlungsbereichen in Kapitel 8 auf Seite 62).

Welche Vorausetzungen müssen Sie erfüllen?

Nach neuer Prüfungsordnung gilt: Es gibt zwei schriftliche Teilprüfungen. Sie werden als Prüfling zur mündlichen Prüfung zugelassen, wenn Sie beide Situationsaufgaben der handlungsspezifischen Qualifikation mindestens mit ausreichend (= 50 % der Punkte) bestanden haben.

Eine Ergänzungsprüfung ist generell nicht möglich. Die mündliche Teilprüfung wird dann innerhalb eines Jahres nach Ablegen dieser schriftlichen Teilprüfungen durchgeführt.

Alte Prüfungsordnung

Bevor Sie zur mündlichen Prüfung des Handelsfachwirts zugelassen werden, müssen Sie alle schriftlichen Handlungsbereiche mit mindestens „ausreichend" (= 50 Punkte) bestanden haben.

Für den Fall, dass Sie in maximal zwei schriftlichen Prüfungen ein mangelhaftes Ergebnis (mind. 30 Punkte) erreicht haben, ist es möglich, eine mündliche Ergänzungsprüfung (maximal 15 Minuten) durchzuführen. Für den Fall, dass Sie in einem oder mehreren Fächern weniger als 30 Punkte oder in mehr als zwei Handlungsbereichen weniger als 50 Punkte erreicht haben, ist es nicht möglich, mündliche Ergänzungsprüfungen durchzuführen. In diesem Fall müssten Sie die schriftlichen Handlungsbereiche wiederholen, in denen Sie weniger als 50 Punkte erreicht haben (siehe auch nochmals im Folgenden).

Wie lange dauert die mündliche Prüfung?

Die mündliche Prüfung dauert insgesamt ca. 35 Minuten, davon 15 Minuten für die Präsentation und nicht mehr als 20 Minuten für das Fachgespräch (zzgl. Vorbereitungszeit sowie die anschließende Bekanntgabe des Ergebnisses). Sie beginnt mit der Vorstellung beim Prüfungsausschuss. Vor Beginn der eigentlichen mündlichen Prüfung haben Sie ein paar Minuten Aufbauzeit.

Alte Prüfungsordnung

Die mündliche Prüfung dauert insgesamt ca. 30 Minuten, davon 10 Minuten für die Präsentation und nicht mehr als 20 Minuten für das Fachgespräch (zzgl. Vorbereitungszeit sowie die anschließende Bekanntgabe des Ergebnisses). Sie beginnt mit der Vorstellung beim Prüfungsausschuss. Vor Beginn der eigentlichen mündlichen Prüfung haben Sie ein paar Minuten Aufbauzeit.

Auf welche Themen bezieht sich die mündliche Prüfung?

In der mündlichen Prüfung „soll nachgewiesen werden, dass eine komplexe Problemstellung der betrieblichen Praxis erfasst, angemessen dargestellt, beurteilt und gelöst werden kann." Der Prüfling wählt dazu das Thema seiner Präsentation und reicht es mit einer Kurzbeschreibung am Tag der zweiten schriftlichen Prüfung beim Prüfungsausschuss ein. Die Themenstellung muss sich nach neuer Prüfungsordnung auf jeweils einen der Handlungsbereiche beziehen, die in der ersten bzw. der zweiten schriftlichen Teilprüfung geprüft wurden, dies bedeutet

- Wahl eines Handlungsbereichs aus
  - Unternehmensführung und -steuerung
  - Führung, Personalmanagement, Kommunikation und Kooperation

und

- Wahl eines Handlungsbereichs aus
  - Handelsmarketing
  - Beschaffung und Logistik
  - Vertriebssteuerung
  - Handelslogistik
  - Einkauf
  - Außenhandel

Dabei ist zu beachten: Die vier Letztgenannten (Vertriebssteuerung, Handelslogistik, Einkauf, Außenhandel) sind im Lehrgang Wahlfächer, wovon nur eines bearbeitet und schriftlich geprüft wird. In der mündlichen Prüfung kann und sollte natürlich kein neuer Schwerpunkt gewählt werden, sodass für die Präsentation zwischen den drei Bereichen Handelsmarketing, Beschaffung/Logistik und dem einen Wahlfach gewählt werden kann.

Alte Prüfungsordnung

In der mündlichen Prüfung soll der Prüfling nachweisen, dass er in der Lage ist, eine komplexe betriebliche Problemstellung zu begreifen, darzustellen und zu lösen. Der Teilnehmer reicht dazu im Vorfeld (am Tag der ersten schriftlichen Prüfung) einen selbstgewählten Themenvorschlag ein, der wenigstens zwei der nachfolgend genannten Handlungsbereiche umfasst.

Die einzelnen Handlungsbereiche sind:

- Unternehmensführung und Steuerung,
- Handelsmarketing,
- Führung und Personalmanagement,
- Volkswirtschaft für die Handelspraxis,
- Beschaffung und Logistik,
- Handelsmarketing und Vertrieb,
- Handelslogistik,
- Außenhandel,
- Mitarbeiterführung und Qualifizierung.

Die Themenbereiche können wahlweise miteinander kombiniert werden.

! **Praxistipp:**

Wählen Sie idealerweise eine akut vorliegende Problemstellung aus Ihrem Unternehmen und erarbeiten Sie anhand dieser einen konkreten Lösungsvorschlag.
So zeigen Sie, dass Sie in der Lage sind, theoretisch erlerntes Wissen mit der betrieblichen Praxis zu verknüpfen.
Wählen Sie in Ihrem eigenen Interesse kein Thema, mit dem Sie in Ihrer beruflichen Praxis keine oder nur wenig Berührungspunkte haben. Dies kann sich bei den Fragen im Fachgespräch ungünstig auswirken.

Wie läuft die Präsentation ab?

Nachdem der Prüfling sich dem Prüfungsausschuss vorgestellt und die Einsatzbereitschaft der Technik überprüft hat, kann er direkt mit der Präsentation beginnen. Die gesamte mündliche Prüfung soll insgesamt 35 Minuten dauern (nach alter Regelung 30 Minuten), wobei als Faustregel ca. 15 Minuten für die Präsentation (nach alter Regelung 10 Minuten) und ca. 20 Minuten für das nachfolgende Fachgespräch zu veranschlagen sind (dies kann auch je nach Kammer leicht variieren). Die Präsentation geht mit einem Drittel, das Fachgespräch mit zwei Dritteln in die Bewertung ein.

! **Praxistipp:**

- Bei der Präsentation achten Sie bitte auf unsere Beispiele sowie auf unsere Grundregeln der Präsentationstechnik (Kapitel 2).
- Setzen Sie in der Regel immer mehrere Medien ein (z. B. Agenda auf Flipchart, Beamer mit Notebook oder OHP für die eigentliche Präsentation, Zusammenfassung der wichtigsten Punkte als Handout).
- Sprechen Sie langsam und deutlich. Bei der Verwendung von Karteikarten sollten Sie diese in jedem Fall nur als Unterstützung ansehen und nicht davon ablesen.
- Das gleiche gilt für die vorbereiteten Folien – dort sollten nur Schlagworte stehen, zu denen Sie mündlich zusätzliche Informationen vortragen.

Welche Medien können eingesetzt werden?

Zur Verfügung stehen in den meisten Fällen Flipchart, Moderationskoffer, Klarsichtfolien/OHP sowie eine Metaplanwand (dies kann je nach Kammer abweichen).

Der Einsatz eines Notebooks (mit Beamer) ist generell möglich – in den meisten Fällen muss der Prüfling die technische Ausrüstung jedoch mitbringen, da die meisten Kammern dieses nicht bereitstellen. Für die Funktionsfähigkeit der mitgebrachten Technik ist der Prüfling selbst verantwortlich. (Bitte beachten Sie hierzu auch die Beschreibung der Medien in Kapitel 2.)

Nach der Präsentation folgt das Fachgespräch

Im anschließenden Fachgespräch werden Sie zunächst zu einzelnen Punkten Ihres Präsentationsthemas befragt. Die Beantwortung dieser Fragen wird dem Prüfling umso leichter fallen, je mehr er mit dieser Thematik aus seiner täglichen Arbeit vertraut ist.

Insgesamt sollten Sie einen ruhigen und sicheren Eindruck bei der Beantwortung der Fragen hinterlassen und diese möglichst auch mit praktischen Beispielen unterstreichen. Dabei kann es auch hilfreich sein, die von Ihnen gegebenen Antworten durch eine Skizze oder Zeichnung am Flipchart oder OHP zu unterstützen.

Sollten Ihre Antworten vorzeitig erschöpft sein, hat der Prüfungsausschuss die Möglichkeit, innerhalb des Rahmenstoffplans Fragen aus den bereits genannten Handlungsbereichen zu stellen.

Abschluss der Prüfung

Wenn das Fachgespräch beendet ist, wird der Prüfungsausschuss Sie nach draußen bitten. Der Prüfungssausschuss wird dann ein Ergebnis finden. Das Ergebnis wird Ihnen anschließend vom Ausschuss mitgeteilt. Die mündliche Prüfung ist bestanden, wenn Sie ein ausreichendes Ergebnis (= 50 Punkte) erzielt haben. Die Präsentation wird dabei mit einem Drittel, das Fachgespräch mit zwei Dritteln gewertet.

Je nach Kammer erhalten Sie eventuell vom Prüfungsausschuss eine kurze schriftliche Bestätigung über den erfolgreichen Abschluss Ihrer Prüfung. Die Urkunde und das Prüfungszeugnis bekommen Sie im Anschluss von der Kammer zugeschickt.

Wiederholung der Prüfung

Wenn Sie eine oder mehrere schriftliche Prüfungen nicht bestanden haben, können Sie das Fach oder die Fächer bis zu zweimal wiederholen. Auch die mündliche Prüfung kann bei Nichtbestehen maximal zweimal wiederholt werden. Bereiten Sie sich auch auf eine Wiederholungsprüfung entsprechend vor.

Die Anmeldung zu einer Wiederholung muss spätestens zwei Jahre nach dem Tag der nicht bestandenen Teilprüfung erfolgen. Auch eine bestandene Teilprüfung kann (einmal) wiederholt werden, was in der Praxis gewählt wird, um eine Leistung zu verbessern. In diesem Fall gilt jedoch das Ergebnis der letzten Teilprüfung (also nicht das bessere Ergebnis, insofern muss man vor der Entscheidung zur Wiederholung einer schon bestandenen Teilprüfung die Chance einer Verbesserung bzw. das Risiko abwägen, sich zu verschlechtern).

Ergänzugngsprüfung nach alter Prüfungsordnung
Nach alter Regelung wird unter bestimmten Voraussetzungen eine mündliche Ergänzungsprüfung angeboten, nämlich wenn bis zu zwei schriftliche Teilprüfungen mangelhaft ausgefallen sind (bei einer ungenügenden oder bei mehr als zwei mangelhaften Leistungen erfolgt dies nicht).

Wie läuft die mündliche Ergänzungsprüfung ab?
Eine Ergänzungsprüfung zu nicht bestandenen schriftlichen Prüfungsfächern dauert ca. 15 Minuten und besteht aus Fragen aus dem Handlungsbereich. Hier sollten Sie sich gewissenhaft vorbereitet und das Basiswissen präsent haben. Je nach Prüfungsausschuss werden mehrere Themengebiete des entsprechenden Handlungsbereiches abgefragt.

Sie haben die Ergänzungsprüfung bestanden, wenn Sie insgesamt 150 Punkte erreicht haben. Dabei wird Ihre schriftliche Leistung doppelt gewertet.

Ein Beispiel:
In der Prüfung des Handlungsbereiches „Volkswirtschaftslehre" haben Sie bisher 34 Punkte erreicht und müssen nun in die mündliche Ergänzungsprüfung.

Notwendige Punktzahl zum Bestehen des Fachs	150 Punkte
Schriftliches Ergebnis = 34 Punkte x 2	68 Punkte
In der Ergänzungsprüfung notwendige Punktzahl	82 Punkte

In diesem Fall muss Ihre mündliche Leistung mindestens „gut" (= 82 Punkte) sein.

Anhand des Beispiels können Sie immer nachprüfen, wie viele Punkte Sie in Ihrer jeweiligen Ergänzungsprüfung erreichen müssen, um insgesamt mindestens ein ausreichendes Ergebnis (= 50 Punkte) zu erzielen. Je weniger Punkte Sie schriftlich erreicht haben, desto besser muss also Ihre mündliche Leistung sein, damit Sie Ihre Ergänzungsprüfung bestehen können.

Eine entsprechende Vorbereitung ist natürlich in jedem Fall eine wichtige und entscheidende Voraussetzung. Im nicht bestandenen Handlungsbereich müssen Sie zum nächsten Prüfungstermin erneut eine schriftliche Prüfungsleistung mit mindestens 50 Punkten (= ausreichend) erbringen.

Je nach Kammer wird die mündliche Ergänzungsprüfung entweder direkt am Tag der mündlichen Prüfung oder auch an einem anderen Termin vorab stattfinden. Erkundigen Sie sich daher am besten direkt bei der Handelskammer, wann und wo Sie Ihre Prüfung ablegen.

5.2 Mündliche Prüfung Geprüfter Industriefachwirt/Geprüfte Industriefachwirtin

Welche Vorraussetzungen müssen Sie erfüllen?

Im Rahmen der Prüfung „Handlungsspezifische Qualifikationen" ist neben der schriftlichen Prüfung auch ein situationsbezogenes Fachgespräch durchzuführen. Die Prüfung gliedert sich in eine Präsentation und das daran anknüpfende Fachgespräch, welches sich im Wesentlichen auf die gewählten Themenbereiche der Präsentation bezieht. Der Prüfling soll in der Präsentation nachweisen, dass er in der Lage ist, eine betriebliche Problemstellung zu erfassen und geeignete Lösungsvorschläge anzubieten.

Sie werden als Prüfling zur mündlichen Prüfung zugelassen, wenn Sie beide Situationsaufgaben der handlungsspezifischen Qualifikation mindestens mit „ausreichend" (= 50 % der Punkte) bestanden haben. Eine Ergänzungsprüfung ist generell nicht möglich.

Wie lange dauert die mündliche Prüfung?

Die mündliche Prüfung dauert insgesamt ca. 30 Minuten (zzgl. Vorbereitungszeit sowie anschließender Bekanntgabe des Ergebnisses). Sie beginnt mit der Vorstellung beim Prüfungsausschuss. Vor Beginn der eigentlichen mündlichen Prüfung haben Sie ein paar Minuten Aufbauzeit.

Auf welche Themen bezieht sich die mündliche Prüfung?

In der mündlichen Prüfung soll der Prüfling nachweisen, dass er in der Lage ist, eine komplexe betriebliche Problemstellung zu begreifen, darzustellen und zu lösen. Der Teilnehmer reicht dazu im Vorfeld (am Tag der ersten schriftlichen Prüfung) einen selbstgewählten Themenvorschlag ein, der mindestens zwei der nachfolgend genannten Handlungsbereiche umfasst.

Die Handlungsbereiche sind:

- Finanzwirtschaft im Industrieunternehmen
- Produktionsprozesse
- Marketing und Vertrieb
- Wissens- und Transfermanagement im Industrieunternehmen
- Führung und Zusammenarbeit

Die Themenbereiche können wahlweise miteinander kombiniert werden (siehe auch die Beispiele aus Kapitel 8).

Wie läuft die Präsentation ab?

Nachdem der Prüfling sich dem Prüfungsausschuss vorgestellt und die Einsatzbereitschaft der Technik überprüft hat, kann er direkt mit der Präsentation beginnen.

Die gesamte mündliche Prüfung soll insgesamt 30 Minuten dauern, wobei als Faustregel ca. 10 Minuten für die Präsentation und ca. 20 Minuten für das nachfolgende Fachgespräch zu veranschlagen sind (dies kann je nach Kammer leicht variieren). Die Präsentation geht mit einem Drittel, das Fachgespräch mit zwei Dritteln in die Bewertung ein.

> **!** **Praxistipp:**
> Bei der Präsentation achten Sie bitte auf unsere Beispiele sowie auf unsere Grundregeln der Präsentationstechnik (Kapitel 2).
>
> Setzen Sie in der Regel immer mehrere Medien ein (z. B. Agenda auf Flipchart, Beamer mit Notebook oder OHP für die eigentliche Präsentation, Zusammenfassung der wichtigsten Punkte als Handout).
>
> Sprechen Sie langsam und deutlich. Bei der Verwendung von Karteikarten sollten Sie diese in jedem Fall nur als Unterstützung ansehen und nicht davon ablesen. Das gleiche gilt für die vorbereiteten Folien – dort sollten nur Schlagworte stehen, zu denen Sie mündlich zusätzliche Informationen vortragen.

Welche Medien können eingesetzt werden?

Zur Verfügung stehen in den meisten Fällen Flipchart, Moderationskoffer, Klarsichtfolien/OHP sowie eine Metaplanwand (kann je nach Kammer abweichen).

Der Einsatz eines Notebooks (mit Beamer) ist generell möglich – in den meisten Fällen muss der Prüfling die technische Ausrüstung jedoch mitbringen, da die meisten Kammern dieses nicht bereitstellen werden. Für die Funktionsfähigkeit der mitgebrachten Technik ist der Prüfling selbst verantwortlich. (Bitte beachten Sie hierzu auch die Beschreibung der Medien in Kapitel 2.)

Nach der Präsentation folgt das Fachgespräch

Im anschließenden Fachgespräch werden Sie zunächst zu einzelnen Punkten Ihres Präsentationsthemas befragt. Die Beantwortung dieser Fragen wird dem Prüfling umso leichter fallen, je mehr er mit dieser Thematik aus seiner täglichen Arbeit vertraut ist.

Insgesamt sollten Sie einen ruhigen und sicheren Eindruck bei der Beantwortung der Fragen hinterlassen und diese möglichst auch mit praktischen Beispielen unterstreichen. Dabei kann es auch hilfreich sein, die von Ihnen gegebenen Antworten durch eine Skizze oder Zeichnung am Flipchart oder OHP zu unterstützen.

Sollten Ihre Antworten vorzeitig erschöpft sein, hat der Prüfungsausschuss die Möglichkeit, innerhalb des Rahmenstoffplans Fragen aus allen anderen Fachbereichen zu stellen.

Abschluss der Prüfung

Wenn das Fachgespräch beendet ist, wird der Prüfungsausschuss Sie nach draußen bitten. Der Prüfungssausschuss wird dann ein Ergebnis finden. Das Ergebnis wird Ihnen anschließend vom Ausschuss mitgeteilt. Die mündliche Prüfung ist bestanden, wenn Sie ein ausreichendes Ergebnis (= 50 Punkte) erzielt haben. Die Präsentation wird dabei mit 1/3, das Fachgespräch mit 2/3 gewertet. Je nach Kammer erhalten Sie eventuell vom Prüfungsausschuss eine kurze schriftliche Bestätigung über den erfolgreichen Abschluss Ihrer Prüfung. Die Urkunde und das Prüfungszeugnis bekommen Sie im Anschluss von der Kammer zugeschickt.

Wiederholung der Prüfung

Wenn Sie eine oder mehrere schriftliche Prüfungen nicht bestanden haben, können Sie das Fach oder die Fächer bis zu zweimal wiederholen. Auch die mündliche Prüfung kann bei Nichtbestehen maximal zweimal wiederholt werden.

Bereiten Sie sich auch auf eine Wiederholungsprüfung entsprechend vor.

5.3 Mündliche Prüfung Geprüfter Immobilienfachwirt/Geprüfte Immobilienfachwirtin

Welche Vorraussetzungen müssen Sie erfüllen?

Bevor Sie zur mündlichen Prüfung für Immobilienfachwirte bzw. -wirtinnen an der IHK zugelassen sind, müssen Sie alle sechs schriftlichen Handlungsbereiche mit **mindestens „ausreichend“** (= 50 Punkte) bestanden haben. Für den Fall, dass Sie in maximal **zwei schriftlichen** Prüfungen ein **mangelhaftes Ergebnis** (mind. 30 Punkte) erreicht haben, ist es möglich, jeweils eine mündliche Ergänzungsprüfung (maximal 15 Minuten) abzulegen. Für den Fall, dass Sie in einem Fach oder mehreren Fächern weniger als 30 Punkte oder in mehr als 2 Handlungsbereichen weniger als 50 Punkte erreicht haben, ist es nicht möglich, mündliche Ergänzungsprüfungen durchzuführen. In diesem Fall müssen Sie schriftlich die Handlungsbereiche wiederholen, in denen Sie weniger als 50 Punkte erreicht haben. Eine Wiederholung ist maximal zweimal zulässig.

Wie lange dauert die mündliche Prüfung?

Die mündliche Prüfung dauert insgesamt ca. 30 Minuten (zzgl. Vorbereitungszeit sowie anschließende Bekanntgabe des Ergebnisses). Sie beginnt mit der Vorstellung beim Prüfungsausschuss. Vor Beginn der eigentlichen mündlichen Prüfung haben Sie ein paar Minuten Aufbauzeit.

Auf welche Themen bezieht sich die mündliche Prüfung?

In der mündlichen Prüfung soll der Prüfling nachweisen, dass er in der Lage ist, eine komplexe betriebliche Problemstellung zu begreifen, darzustellen und zu lösen. Der Teilnehmer reicht dazu im Vorfeld (am Tag der ersten schriftlichen Prüfung) einen selbstgewählten Themenvorschlag ein.

Die einzelnen Handlungsbereiche sind:

- Rahmenbedingungen der Immobilienwirtschaft
- Unternehmenssteuerung und Kontrolle
- Personal, Arbeitsorganisation und Qualifizierung
- Immobilienbewirtschaftung
- Bauprojektmanagement
- Marktorientierung und Vertrieb, Maklertätigkeit

> **!** **Praxistipp:**
> **Wählen Sie idealerweise eine akut vorliegende Problemstellung aus Ihrem Unternehmen und erarbeiten Sie anhand dieser einen konkreten Lösungsvorschlag. So zeigen Sie, dass Sie in der Lage sind, theoretisch erlerntes Wissen mit der betrieblichen Praxis zu verknüpfen.**
>
> **Wählen Sie in Ihrem eigenen Interesse kein Thema, mit dem Sie in Ihrer beruflichen Praxis keine oder nur wenig Berührungspunkte haben. Dies könnte sich sonst bei den Fragen im Fachgespräch ungünstig auswirken.**

Wie läuft die Präsentation ab?

Nachdem der Prüfling sich dem Prüfungsausschuss vorgestellt und die Einsatzbereitschaft der Technik überprüft hat, kann er direkt mit der Präsentation beginnen. Die gesamte mündliche Prüfung soll insgesamt 30 Minuten dauern, wobei als Faustregel ca. 10 Minuten für die Präsentation und ca. 20 Minuten für das nachfolgende Fachgespräch zu veranschlagen sind (kann je nach Kammer leicht variieren). Die Präsentation geht mit einem Drittel, das Fachgespräch mit zwei Dritteln in die Bewertung ein.

> **!** **Bei der Präsentation achten Sie bitte auf unsere Beispiele sowie auf unsere Grundregeln der Präsentationstechnik (Kapitel 2).**

Setzen Sie in der Regel immer mehrere Medien ein (z. B. Agenda auf Flipchart, Beamer mit Notebook oder OHP für die eigentliche Präsentation, Zusammenfassung der wichtigsten Punkte als Handout).

Sprechen Sie langsam und deutlich. Bei der Verwendung von Karteikarten sollten Sie diese in jedem Fall nur als Unterstützung ansehen und nicht davon ablesen.

Das Gleiche gilt für die vorbereiteten Folien – dort sollten nur Schlagworte stehen, zu denen Sie mündlich zusätzliche Informationen vortragen.

Welche Medien können eingesetzt werden?

Dem Prüfling stehen in der Regel von der jeweiligen IHK Flipchart, Moderationskoffer, Klarsichtfolien/OHP sowie eine Metaplanwand zur Verfügung (kann je nach Kammer abweichen). Der Einsatz eines Notebooks (mit Beamer) ist generell möglich – in den meisten Fällen muss der Prüfling die technische Ausrüstung jedoch mitbringen, da die meisten Kammern dieses nicht bereitstellen werden. Für die Funktionsfähigkeit der mitgebrachten Technik ist der Prüfling selbst verantwortlich (bitte beachten Sie hierzu auch die Beschreibung der Medien in Kapitel 2).

Nach der Präsentation folgt das Fachgespräch

In dem anschließenden Fachgespräch werden Sie zunächst zu einzelnen Punkten Ihres Präsentationsthemas befragt. Die Beantwortung dieser Fragen wird dem Prüfling umso leichter fallen, je mehr er mit dieser Thematik aus seiner täglichen Arbeit vertraut ist. Insgesamt sollten Sie einen ruhigen und sicheren Eindruck bei der Beantwortung der Fragen hinterlassen und diese möglichst auch mit praktischen Beispielen unterstreichen.

Dabei kann es auch hilfreich sein, die von Ihnen gegebenen Antworten durch eine Skizze oder Zeichnung am Flipchart oder OHP zu unterstützen. Sollten Ihre Antworten vorzeitig erschöpft sein, hat der Prüfungsausschuss die Möglichkeit, innerhalb des Rahmenstoffplans Fragen aus den bereits genannten sechs Handlungsbereichen zu stellen.

Abschluss der Prüfung

Wenn das Fachgespräch beendet ist, wird der Prüfungsausschuss Sie nach draußen bitten. Der Prüfungssausschuss wird dann ein Ergebnis finden. Das Ergebnis wird Ihnen anschließend vom Ausschuss mitgeteilt. Die mündliche Prüfung ist bestanden, wenn Sie ein ausreichendes Ergebnis (= 50 Punkte) erzielt haben. Die Präsentation wird dabei mit 1/3, das Fachgespräch mit 2/3 gewertet. Je nach Kammer erhalten Sie eventuell vom Prüfungsausschuss eine kurze schriftliche Bestätigung über den erfolgreichen Abschluss Ihrer Prüfung. Die Urkunde und das Prüfungszeugnis bekommen Sie im Anschluss von der Kammer zugeschickt.

Wiederholung der Prüfung

Wenn Sie eine oder mehrere schriftliche Prüfungen nicht bestanden haben, können Sie das Fach oder die Fächer bis zu zweimal wiederholen. Auch die mündliche Prüfung kann bei Nichtbestehen maximal zweimal wiederholt werden. Bereiten Sie sich auch auf eine Wiederholungsprüfung entsprechend vor.

Wie läuft die mündliche Ergänzungsprüfung?

Die Ergänzungsprüfung dauert ca. 15 Minuten und besteht aus Fragen aus dem Handlungsbereich. Hier sollten Sie zunächst das Basiswissen präsent und sich gewissenhaft vorbereitet haben. Je nach Prüfungsausschuss werden mehrere Themengebiete des entsprechenden Handlungsbereiches abgefragt.

Sie haben die Ergänzungsprüfung bestanden, wenn Sie insgesamt 150 Punkte erreicht haben. Dabei wird Ihre schriftliche Leistung doppelt gewertet.

Ein Beispiel:

In der Prüfung des Handlungsbereiches „Rahmenbedingungen der Immobilienwirtschaft" haben Sie bisher 34 Punkte erreicht und müssen nun in die mündliche Ergänzungsprüfung.

Notwendige Punktzahl zum Bestehen des Fachs	150 Punkte
Schriftliches Ergebnis = 34 Punkte x 2	68 Punkte
In der Ergänzungsprüfung notwendige Punktzahl	82 Punkte

In diesem Fall muss Ihre mündliche Leistung mindestens „gut" (= 82 Punkte) sein

Anhand dieses Beispiels können Sie immer nachprüfen, wie viele Punkte Sie in Ihrer jeweiligen Ergänzungsprüfung erreichen müssen, um insgesamt mindestens ein ausreichendes Ergebnis (= 50 Punkte) zu erzielen. Je weniger Punkte Sie schriftlich erreicht haben, desto besser muss also Ihre mündliche Leistung sein, damit Sie Ihre Ergänzungsprüfung bestehen können.

Eine entsprechende Vorbereitung ist natürlich in jedem Fall eine wichtige und entscheidende Voraussetzung. In dem nicht bestandenen Handlungsbereich müssen Sie zum nächsten Prüfungstermin erneut eine schriftliche Prüfungsleistung mit mindestens 50 Punkten (= ausreichend) erbringen.

Je nach Kammer wird die mündliche Ergänzungsprüfung entweder direkt am Tag der mündlichen Prüfung oder auch an einem anderen Termin vorab stattfinden. Erkundigen Sie sich daher am besten direkt bei der Handelskammer, wann und wo Sie Ihre Prüfung ablegen.

6 Lerntechnik und Stoffwiederholung

Sie beginnen mit der Wiederholung des fachlichen Stoffs.

- Vorgehensweise und Lerntipps

Um sich inhaltlich für das Fachgespräch fit zu machen, ist es sehr ratsam, den wesentlichen Lehrgangsstoff nochmals im Kurzdurchgang zu wiederholen. Das Fachgespräch bezieht sich im Allgemeinen auf den Inhalt der Präsentation und die Prüfer stellen dazu Fragen aus den beiden Handlungsbereichen, die der Prüfling gewählt hat (beim Handels-und beim Industriefachwirt) bzw. es können Fragen aus allen Bereichen gestellt werden (beim Immobilienfachwirt), vgl. jeweilige Abschnitte im Kapitel 5). Darüber ist der Stoff teilweise eingegrenzt, aber dennoch wird man nicht „alles" zu den betreffenden Kapiteln wiederholen können. Was also sollte man lernen? Ratschläge für eine Auswahl lassen sich nicht übergreifend geben, denn diese hängt vom Thema ab. Am besten ist es, wenn man beim Lernen **„spiralförmig"** von der Präsentation ausgeht: Man bearbeitet im ersten Schritt nochmals die Fachbegriffe, die in der Präsentation vorkommen. Dann arbeitet man das inhaltliche Umfeld dieser Fachbegriffe durch. Und zu guter Letzt macht man noch einen groben Durchgang durch den betreffenden Themenkomplex.

! Wichtig ist, am Anfang der Vorbereitung zwei Entscheidungen zu treffen nämlich

1. wie man Lernen möchte, denkbar sind
   - Einzelarbeit, d. h. für sich alleine
   - Partnerarbeit oder Arbeit in einer Gruppe
   - Teilnahme an einem Kompaktkurs/Prüfungsvorbereitungskurs*)
2. aus welchen Quellen man lernen möchte, denkbar sind
   - die im Lehrgang möglicherweise aus gehändigten Textbände bzw. Skripte der Dozenten
   - das benutzte Lehrbuch (das sich besonders gut eignet, wenn es Übungsaufgaben enthält, die man nochmals durchgehen kann)
   - Informationen aus dem Internet (z. B. aus Prüfungsforen)
   - eigene Unterlagen (Notizen aus dem Unterricht, eigene Lernkartei o. Ä.)

*) Einen Prüfungsvorbereitungskurs sucht man sich zweckmäßigerweise in regionalen Umfeld. Beispielsweise werden auch die Autoren dieses Buches im norddeutschen Raum entsprechende Kurse in einer eigenen Akademie anbieten (siehe www.fachwirt-akademie.de)

Es erweist sich meistens als schwierig, ausschließlich allein zu lernen und es ist effektiver, wenn mit Partner, in der Gruppe oder unterstützt von einem Dozenten arbeitet. Auch dann kommt man aber natürlich nicht umhin, in einem Teil der vorhandenen Zeit für sich zu arbeiten und sich die wichtigen Dinge einzuprägen.

Die Lern- und Arbeitstechnik (die Bestandteil aller Fachwirtlehrgänge ist) gibt dazu sehr hilfreiche Tipps, wozu im Folgenden neun „Dos" und drei „Don'ts" kompakt zusammengefasst sind (zusammengestellt nach Brakelmann, Grundwissen Lerntechniken und Arbeitsmethodik, Cornelsen Verlag Berlin 2012):

Wesentliche Lerntipps

1 Gedächtnisgerecht Lernen

Frisch aufgenommene Inhalte wandern ins Kurzzeitgedächtnis. Um sie in das Langzeitgedächtnis zu transportieren und vor Verlust zu bewahren, ist Üben zwingend erforderlich (Wissen mehrfach „abfragen“).
Besonders effektiv lernt man, wenn man die linke und die rechte Gehirnhälfte anspricht. Es ist also beispielsweise sinnvoll, Lernstoff zu strukturieren (für die linke Gehirnhälfte) und ihn zu visualisieren (für die rechte Gehirnhälfte).

2 Für Motivation sorgen

Einen Lernplan machen, Etappenziele festlegen, diese überprüfen und darüber Erfolge schaffen. Wer stärker extrinsisch motiviert ist, kann sich kleine Belohnungen gönnen, wenn Etappen erreicht sind.

3 Den eigenen Lerntyp beachten

- Auditiver Lerntyp – lernt am meisten beim Hören → Partnerarbeit (der Partner erklärt den Stoff), Teilnahme an einem Prüfungsvorbereitungskurs
- Visueller Lerntyp – Lesen, Veranschaulichungen anschauen → eher Einzelarbeit mit Skript, Buch, Lernkartei etc.,
- Haptischer Lerntyp – tut sich schwerer beim Lernen abstrakter Inhalte → eine Hilfe ist, Zusammenfassungen zu schreiben und Skizzen anzufertigen
- Verbaler Lerntyp – größter Lerneffekt, wenn aufgenommene Inhalte für andere wiedergegeben werden → Partnerarbeit (Partner den Stoff erklären)

Der eigene Lerntyp ist meist ein Mix. Deshalb empfiehlt sich auch ein Mix der Methoden beim Lernen.

4 Mit Rhythmus und Konzentration arbeiten

Den eigenen Biorhythmus beachten und in den Phasen hoher Konzentration arbeiten. Es ist sehr ineffektiv, in Phasen geringer Konzentration arbeiten zu wollen. Insofern sind Pausen keine Zeitverschwendung!

5 Ungestört arbeiten

Störquellen (Lärm, Hintergrundpegel, z. B. Radio, Telefon) beim Lernen ausschalten und für angenehmes Klima sorgen (Temperatur, Luft, Beleuchtung); das gilt für alle Arbeitsformen, ob allein oder mit anderen!

6 Auf die passende Lernstufe achten

Lernziele für Fachwirte sind in einer Lernzieltaxonomie geordnet – die Stufen sind **Wissen**, **Verstehen** und **Anwenden**. Zu den Fachbegriffen braucht man Wissen. In der mündlichen Prüfung wird Verstehen gefordert (Zusammenhänge herstellen können) und mit der Präsentation soll man anhand des ausgewählten Themas zeigen, dass man das Wissen anwenden kann. Das lässt sich kaum im stillen Kämmerlein üben, ein Grund mehr, auch Partnerarbeit zu wählen oder einen Vorbereitungskurs zu buchen.

7 Für die Wissenswiederholung mit Karteikarten arbeiten

Auch heute noch sind Karteikarten (vorne ein Begriff, hinten die Erklärung oder vorne eine Frage, hinten die Antwort) eine gute Lernmethode. Digitale Abwandlungen sind vergleichbar hilfreich und wenn man stofflich Passendes auf dem Markt findet, sollte man es nutzen. Aber auf seriöse Quellen achten!

8 Mind-Maps als Merkhilfe und zum Verstehen von Zusammenhängen nutzen

Strukturiert dargestelltes Wissen lässt sich leichter merken → die Aspekte des Themas der Präsentation können für das Wiederholen des Stoffes in einer Mind-Map dargestellt werden, die in alle Richtungen um weiteren zugehörigen Stoffe ergänzt wird (in Stichworten!). Auch gut geeignet für visuelle Lerntpyen.

9 Planvoll arbeiten

Einen Lernfahrplan machen (siehe Seite 29 in diesem Buch) ... und einhalten!

Das gilt es zu vermeiden!

☹ **Sich nicht verrückt machen!**

☹ **Sich nicht verzetteln!**

☹ **Keine unzuverlässigen Quellen verwenden!**

7 Erstellen der Präsentation

Sie erstellen Ihre Präsentation.

- Ablaufplan der Erstellung für Handels-, Industrie- oder Immobilienfachwirte/-fachwirtinnnen

In der mündlichen Prüfung müssen Sie nachweisen, dass Sie in der Lage sind, theoretisch erlerntes Wissen mit der betrieblichen Praxis zu verknüpfen und für eine konkrete Problemstellung eine praxisgerechte Lösung zu erarbeiten. Dies soll in Form einer Präsentation sowie eines darauf folgenden Fachgespräches erfolgen.

Bevor wir nun zu den Beispielpräsentationen kommen, erhalten Sie einen Ablaufplan zur Erstellung Ihrer Präsentation. Da die Prüfungen sehr ähnlich ablaufen, haben wir die für den geprüften Handels-, Industrie- und Immobilienfachwirt in einem Abschnitt zusammengefasst.

7.1 Vorbereitungsphase

Bei der Erstellung einer Präsentation und der Vorbereitung auf die mündliche Prüfung werden Sie i.d.R. erfolgreicher sein, wenn Sie dabei strukturiert vorgehen.

Wir empfehlen Ihnen daher folgenden Ablauf:
- Situationsbeschreibung und Grobgliederung erstellen
- Bearbeitung der einzelnen Abschnitte (sowie der Agenda und des Handouts)
- Erstellung der Unterlagen
- Vorbereitung auf die mündliche Präsentation durch mehrfaches Üben

Situationsbeschreibung und Grobgliederung erstellen

(diese dient auch als Vorlage bei der IHK)

Im ersten Schritt erarbeiten Sie zunächst eine Situationsbeschreibung einer aktuellen Problemstellung. Zum einen benötigen Sie diese Situationsbeschreibung als Themenvorschlag für die IHK – auf der anderen Seite hilft sie zur Erstellung der Grobgliederung.

Voraussetzung für eine erfolgreiche Präsentation ist die Bearbeitung einer konkreten, aktuellen betrieblichen Problemstellung aus Ihrem Unternehmen. Dazu befragen Sie zum Beispiel Ihre Vorgesetzten. Die Beachtung dieses Punktes hat für Sie folgende Vorteile: Zum einen verfügen Sie über praktische Kenntnisse im Fachgespräch, da Ihnen die gewählte Situation vertraut ist – dieser Umstand verleiht Ihnen Sicherheit bei der Prüfung. Zum anderen weisen Sie dem Prüfungsausschuss nach, dass Sie in der Lage sind, theoretisches Wissen mit der betrieblichen Praxis zu verknüpfen. Die Situationsbeschreibung sollte i.d.R. nicht mehr als 5 bis 6 Sätze umfassen.

Die von Ihnen gewählte Problemstellung dient Ihnen dann als Grundlage für die Erarbeitung Ihrer Präsentation sowie als Ausgangsbasis für das anschließende Fachgespräch.

Erstellung einer Grobgliederung

Auf Grundlage Ihrer Situationsbeschreibung erstellen Sie nun Ihre Grobgliederung. Diese soll Ihnen dabei helfen, Ihre Präsentation zu strukturieren.Grobgliederung (Agenda):

- Vorstellung des Unternehmens
- Darstellung der aktuellen Ist-Situation (Problemstellung/Ursachen beschreiben)
- Ziele darstellen
- Lösungsansätze
- Chancen und Risiken
- Fazit

I. d. R. werden Sie bei der mündlichen Prüfung mit Folien (OHP bzw. Powerpoint) arbeiten. Es empfiehlt sich, für jeden Abschnitt eine Folie zu verwenden. Notieren Sie die Agenda auf einem Flipchart-Papier und nutzen Sie dieses als Medium bei der mündlichen Prüfung.

Situationsbeschreibung und Grobgliederung bei der IHK einreichen

Das ausgewählte „Thema" der mündlichen Prüfung wird bei der IHK eingereicht, genauer gesagt: Eingereicht wird eine Unterlage, die mindestens eine Kurzbeschreibung der Problemstellung („Situationsbeschreibung"), das Ziel der Präsentation und eine Grobgliederung umfasst.

Der **Zeitpunkt der Einreichung** ist in der jeweiligen Prüfungsverordnung genannt und je nach Sparte unterschiedlich:

- Industriefachwirt:
  Einreichung bei der ersten schriftlichen Prüfung der „Handlungsspezifischen Qualifikationen"
- Handelsfachwirt nach bishheriger Verordnung:
  Einreichung bei der ersten schriftlichen Prüfungsleistung
- Handelsfachwirt nach neuer Verordnung 2014:
  Einreichung am Tag der zweiten schriftlichen Teilprüfung
- Immobilienfachwirt:
  Einreichung bei der ersten schriftlichen Prüfungsleistung

Was im Einzelnen bei der Einreichung angegeben werden muss, erfährt man bei seiner zuständigen Kammer. Teils gibt es dazu Merkblätter, teils gibt es für die Einreichung ein Formular, aus dem dann zugleich die Anforderungen genau hervorgehen.

Ein solches Formular ist formal als Antrag angelegt und hat beispielsweise das auf der folgenden Seite abegruckte Schema. Sie sollten beim Ausfüllen darauf achten, dass Sie keine Allgemeinplätze eintragen, sondern Ihr Thema eigenständig und mit eigenen Worten klar umreißen.

<table>
<tr><td colspan="2">Kopf der betreffenden Kammer</td></tr>
<tr><td>Adresse der Kammer</td><td>Name und Adresse des Prüfungsteilnehmerns</td></tr>
<tr><td colspan="2">Bezeichnung des Fachwirts
Situationsbeschreibung und Präsentationsgliederung</td></tr>
<tr><td colspan="2">Nennung der Handlungsbereiche (beim Industrie- und beim Immobilienfachwirt)
...</td></tr>
<tr><td colspan="2">Situationsbeschreibung/Kurzbeschreibung
... (zum Eintrag der erarbeiteten 5 bis 6 Sätze)</td></tr>
<tr><td colspan="2">Gliederung der Präsentation
...</td></tr>
<tr><td colspan="2">Angabe der geplanten Präsentationsmedien
...</td></tr>
<tr><td colspan="2">Versicherung der Anfertigung ohne fremde Hilfe</td></tr>
<tr><td colspan="2">Datum und rechtsverbindliche Unterschrift des Prüfungsteilnehmers</td></tr>
</table>

! **Hinweis:**
Achten Sie bitte darauf, dass der Geprüfte Handels- und Industriefachwirt eine Problemstellung verlangt, die sich mit der Verknüpfung von zwei Handlungsbereichen beschäftigt. Beachten Sie hierzu auch die Angaben im Kapitel 5.

Erstellung der Unterlagen

Nachdem Sie die Grobgliederung erstellt haben, beginnen Sie mit der Erstellung Ihrer Präsentationsunterlagen. Der Ablauf und die wichtigsten Punkte sind in Kapitel 5 erläutert. Denken Sie daran, wann immer möglich, einschlägige Fachbegriffe zu verwenden und in Ihre Präsentationsunterlagen einzubauen. Erläutern Sie in Ihrem Vortrag einige von diesen Fachbegriffen mit Beispielen aus der Praxis. Verwenden Sie in jedem Fall nur Begriffe, die Sie auch erklären können. Das Gleiche gilt auch für verwendete Charts/Zeichnungen/Skizzen.

Auch beim Gliederungspunkt Chancen/Risiken verwenden Sie praktische Beispiele. Das verdeutlicht dem Prüfungsausschuss Ihre Fachkenntnisse und lässt Ihren Vortrag insgesamt praxisorientiert erscheinen.

Abschluss der Vorbereitung

Nachdem Sie Ihre Unterlagen erstellt haben, beginnen Sie nun mit der direkten Vorbereitung auf die mündliche Prüfung. Dazu ist in den vorangegangenen Kapiteln das Wesentliche gesagt worden (insbesondere in Kapitel 4 zur persönlichen Vorbereitung und in Kapitel 6 über die Lerntechnik). Wie dort betont wurde, ist der beste Weg für den Erfolg, die Präsentation idealerweise – möglichst mehrfach – vor Publikum zu üben.

Auf diese Weise haben Sie die Möglichkeit, innerhalb Ihrer Präsentation strukturelle Schwächen (roter Faden) zu erkennen sowie mögliche Fragestellungen für das nachfolgende Fachgespräch zu üben. Auch die Angaben auf Ihren Präsentationsunterlagen können gegebenenfalls noch verbessert oder ergänzt werden. Vergessen Sie in diesem Zusammenhang auch nicht Ihr Zeitmanagement (10 Minuten) und achten Sie auch auf den Start und das Ende Ihrer Präsentation.

Um Ihre Medienkompetenz zu verdeutlichen, erstellen Sie außerdem in jedem Fall eine Agenda (auf Flipchart-Papier) sowie ein Handout.

7.2 Ablauf der Präsentation

Ihre Präsentation starten Sie mit der Erläuterung der Agenda, die beispielsweise wie folgt auf einem Flipchart notiert werden kann (oder als erste Folie der Präsentation gezeigt wird). Das Flipchart lässt den Vortrag lebendiger werden und Sie haben die Möglichkeit, die Punkte tatsächlich „abzuhaken", siehe weiter unten.

Agenda

- Begrüßung
- Vorstellung der Situation
- Ziele definieren
- Erläuterung der Lösungsvorschläge
- Chancen/Risiken
- Abschluss/Handlungsempfehlungen

Sie stellen sich als die Person vor, aus deren Rolle Sie vortragen, und erläutern im Anschluss kurz das Thema der Präsentation, zum Beispiel:

„Mein Name ist Herr Meier, ich bin Abteilungsleiter der XY GmbH. Ich schildere Ihnen heute die aktuelle Problemstellung der XY GmbH und zeige mögliche Lösungsansätze auf."

Nach der Erläuterung der Agenda beginnen Sie mit Ihrer Präsentation. In der Präsentation erläutern Sie die auf den Folien verwendeten Fachbegriffe.

Als Unterstützung können Ihnen an dieser Stelle Karteikarten nutzen. Notieren Sie sich auf den Karteikarten nur Stichpunkte und lesen Sie nicht von den Karteikarten vor. Je öfter Sie üben, desto weniger benötigen Sie dieses Hilfsmittel.

Je mehr Ihr Thema mit der praktischen Arbeit verbunden ist, desto leichter werden Ihnen Ihre Präsentation und das Fachgespräch fallen.

> **!** **Wichtig:**
> **Sie beenden Ihre Präsentation immer damit, dass Sie ein Fazit ziehen bzw. eine konkrete Handlungsempfehlung geben. Alternativ oder auch ergänzend können Sie Chancen und Risiken kurz anreißen.**

Zum Schluss Ihrer Präsentation können Sie am Flipchart die einzelnen Punkte Ihrer Agenda kurz wiederholen und mit einem Haken versehen:

Agenda

- Begrüßung ✓
- Vorstellung der Situation ✓
- Ziele definieren ✓
- Erläuterung der Lösungsvorschläge ✓
- Chancen/Risiken ✓
- Abschluss/Handlungsempfehlungen ✓

Dies stellt einen positiven Abschluss Ihrer Präsentation dar. Danach bedanken Sie sich beim Prüfungsausschuss für die Aufmerksamkeit und übergeben zum Abschluss Ihr Handout.

Achten Sie während Ihrer Präsentation immer auf die vorgegebene Zeit (ggf. ist hier der Einsatz einer Uhr oder eines digitalen Weckers sinnvoll).

Beginn des Fachgesprächs

Im Anschluss an die Präsentation beginnt das Fachgespräch. Beachten Sie: Je praxisrelevanter und interessanter Ihr Präsentationsthema ist und je mehr Sie über eigene Erfahrungen verfügen, desto einfacher wird das Fachgespräch. Im Fachgespräch stellt normalerweise der Prüfungsausschuss weiterführende Fragen zu Ihren bisherigen Ausführungen. Hier sind vor allem Ihr vorhandenes Fachwissen sowie Ihre Umsetzung der gewählten Themenstellung in die Praxis gefragt. Das Fachgespräch soll 20 Minuten dauern.

Das Wichtigste in Kürze:

- Erstellen Sie zuerst die Situationsbeschreibung.
- Wählen Sie immer ein Thema, bei dem Sie einen starken Bezug zur Praxis haben.
- Die Situationsbeschreibung reichen Sie bei der Handelskammer als Themenvorschlag ein.
- Auf Basis der Situationsbeschreibung erstellen Sie Ihre Grobgliederung.
- Nach der Grobgliederung füllen Sie die einzelnen Punkte mit Inhalten.
- Verwenden Sie möglichst Fachbegriffe (die Sie bitte auch erklären können) und verdeutlichen Sie diese in der Präsentation mit praktischen Beispielen.
- Setzen Sie neben Ihrer Präsentation noch weitere Medien ein (Handout und Agenda auf Flipchart).
- Üben Sie Ihre Präsentation mehrfach vor Freunden oder anderen Prüflingen.
- Achten Sie darauf, dass Sie die Zeit einhalten.
- Stellen Sie während der Präsentation keine Fragen an den Prüfungsausschuss – dieser wird in der Regel neutral bleiben und nicht antworten.

8 Musterprüfungen

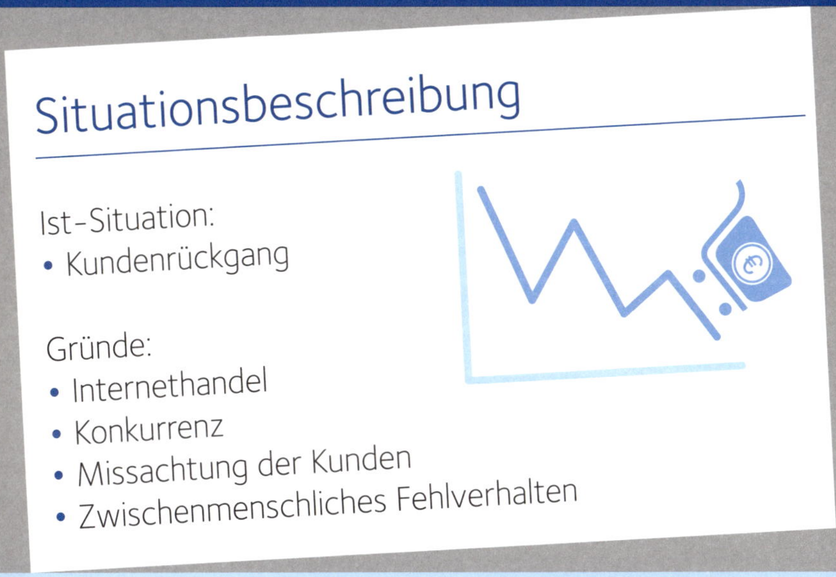

Grafik: vitaledesign

Sie vollziehen Musterprüfungen nach und verbessern Ihre Präsentation.

- Musterprüfungen Handelsfachwirt/-in
- Musterprüfungen Industriefachwirt/-in
- Musterprüfungen Immobilienfachwirt/-in

8.1 Übergreifendes zu den Musterprüfungen

Dieses Kapitel enthält für jede der drei behandelten Fachrichtungen je fünf Musterpräsentationen. Diese orientieren sich völlig an den mündlichen Prüfungen in der Praxis. Die Prüfungen sind aus den Erfahrungen der Autoren in ihrer jahrelangen Prüfertätigkeit entstanden. Sie sind damit sehr praxisgerecht und realistisch. Die Prüfungen entsprechen also im Wesentlichen den tatsächlichen Anforderungen der Prüfung. Die Musterprüfungen bestehen jeweils aus

- einer Situationsbeschreibung,
- den Folien für die Präsentation und
- einem Handout.

Hinweis zum Handout

Wie zuvor schon beschrieben hat der Prüfling die Möglichkeit, sein Handout

- in Form einer **kurzen Zusammenfassung** oder
- in Form seiner **Folienpräsentation**

dem Prüfungsausschuss zur Verfügung zu stellen. Zu jeder Fachrichtung wird je ein Beispiel bei den Musterprüfungen abgedruckt.

Natürlich ist es möglich, im Handout selbst weitere Informationen hinzuzufügen – dieser Punkt sollte jedoch nicht übertrieben werden. Wie umfangreich das Handout sein soll, ist nicht geregelt. Auch die Frage, **wann** ein Handout an den Prüfungsausschuss ausgegeben werden soll, lässt sich nicht einheitlich beantworten. Hier muss der Prüfling individuell entscheiden. Wir empfehlen die Übergabe des Handouts nach dem Ende der Präsentation und vor dem Beginn des Fachgesprächs.

Darstellung der Präsentationen

Wir haben für die Präsentationen eine Aufteilung in Folienform gewählt, da beinahe die Gesamtheit aller Präsentationen über Folien (OHP oder Beamer/Notebook) vorgetragen wird. Natürlich ist das keine Vorschrift – einfach nur gängige Praxis. Die gestalterische und optische Aufbereitung kann unterschiedlich erfolgen. Da die Prüfung und die Präsentationsunterlagen mit zeitlichem Vorlauf und mit differenzierten Arbeitsmitteln vorbereitet werden können, werden in den Prüfungen vielfach sehr ausgefeilte und professionell ausgearbeitete Folien gezeigt.

Im Folgenden sind die beiden ersten Musterprüfungen pro Fachrichtung exemplarisch gestaltet, die drei weiteren sind ebenfalls gut strukturiert, aber rein typografisch gehalten.

Schauen Sie sich bitte auch noch einmal die Checkliste zur Foliengestaltung auf Seite 25 an. Die darin genannten Punkte sind in den Folien der Musterprüfungen weitgehend berücksichtigt.

Da das Buch nur zweifarbig gedruckt ist, sind allerdings die Fotos/Illustrationen nicht bunt wiedergegeben. In Ihrer Präsentation, die Sie vortragen, sollten Sie selbstverständlich farbige Abbildungen nutzen. Ferner wird in den Beispielen mit Fotos und Illustration sparsam umgegangen und sie werden weitgehend als Symbole eingesetzt. Wenn Sie in Ihrer Präsentation Aussagen formulieren, zu denen sich eine Sachillustration anbietet, nutzen Sie diese (die Musterprüfung 4 für Handelsfachwirte zeigt exemplarisch, wie man Diagramme einbinden kann).

In den Folien wird auch nicht völlig konsequent die empfohlene Zeilenanzahl beachtet. Diese ist nur als grobe Maßregel zu verstehen und es muss eine Balance zwischen optisch ansprechender Textmenge und inhaltlich zusammengehörenden Darstellungen gefunden werden. So ist es beispielsweise sinnvoll, die Chancen und Risiken gegenüberzustellen, auch wenn auf der betreffenden Folie dann mehr Text steht. Um diesen unterzubringen, darf im Einzelfall auch die sonst gewählte Platzaufteilung und Schriftgröße angepasst werden.

Umgang mit Fachbegriffen

Mehrfach wurde in diesem Buch auf die Bedeutung der Fachbegriffe hingewiesen und dass man sie gut erklären können muss (vgl. in 2.1 zu den sprachlichen Mitteln der Präsentation, in 4.2 zur fachlichen Vorbereitung und in den Abschnitten zu jedem einzelnen Fachwirt bei der Erstellung der Unterlagen). Bei den Folienpräsentation sind (als Beispiel) mögliche Fachbegriffe stets farbig (wie in diesem Buch üblich: blau) markiert. Diese Fachbegriffe könnten Sie beispielsweise in der mündlichen Prüfung erklären/erläutern oder besonders hervorheben. (Die farbige Kennzeichnung der Schlagwörter dient hier nur zur Verdeutlichung. In Ihrer Präsentation markieren Sie die Fachbegriffe natürlich nicht farbig!)

> **!** **Praxistipp:**
> Je mehr Fachbegriffe Sie in einer Präsentation verwenden, desto größer ist die Wahrscheinlichkeit, dass Sie im nachfolgenden Fachgespräch danach befragt werden. Deswegen verwenden Sie bitte nur Fachbegriffe, die Sie auch kompetent erläutern können. Zugleich ist das eine Chance, dass das Fachgespräch in eine Richtung verläuft, auf die Sie gut vorbereitet sind.

Hinweis zum Weiterlesen

Im Prinzip springen Sie jetzt auf den Abschnitt für Ihre Fachrichtung:
Handelsfachwirt/-in → 8.2,
Industriefachwirt/in → 8.3,
Immobilienfachwirt → 8.4
Danach folgt für alle eine Zusammenfassung in Abschnitt 8.5.

> **!** **Arbeitstipp:**
> Wenn Sie nach dem Durcharbeiten „Ihres“ Abschnitts Ihre Vorbereitung noch weiter festigen möchten, ist es hilfreich, auch die anderen Abschnitte anzuschauen.

Sie bieten Ihnen unabhängig von den Prüfungsthemen weiteres Anschauungsmaterial dazu, wie man Präsentationen aufbereiten kann.

8.2 Beispiele Musterprüfungen Handelsfachwirt/-in

	Problemstellung	Handlungsbereiche (alte Prüfungsordnung)
Prüfung Handel 1	Umsatzrückgang im stationären Einzelhandel	• Einführung E-Commerce (Handelsmarketing) • Multi-Channel (Handelsmarketing & Vertrieb)
	(Handout als Zusammenfassung auf einer Seite gestaltet, siehe Beispiel S. XY)	
Prüfung Handel 2	Hoher Bestellaufwand Schlechter Informationsfluss Zentrale – Filiale	• Warenwirtschaft (Beschaffung und Logistik) • Personalschulung (Führung und Personalmanagement)
	(Handout als verkleinert ausgedruckte Folienpräsentation gestaltet, siehe Beispiel S. XY)	
Prüfung Handel 3	Einführung einer Bio-Handelsmarke in einem Lebensmitteldiscounter	• Einführung einer Handelsmarke (Handelsmarketing & Vertrieb) • Local Sourcing, dezentrale Beschaffung (Beschaffung & Logistik)
Prüfung Handel 4	Erweiterung des Vertriebsgebietes durch Handelsvertreter oder Reisenden	• Break-even-Analyse (Unternehmensführung und Steuerung) • Einstellung und Schulung Personal (Führung und Personalmanagement)
Prüfung Handel 5	Hohe Fehlmengenkosten und gleichzeitig hohe Abschriften (Wertminderungen) Abschriften	• Category Management (Handelsmarketing) • Effiziente Nachversorgung (Beschaffung & Logistik)

Hinweis auf alte und neue Prüfungsverordnung

Die aus der beruflichen Praxis gewählten Problemstellungen werden sich nicht ändern. Nach alter Regelung konnten zwei beliebige Handlungsbereiche gewählt werden, nach neuer Prüfungsordnung müssen die Themen so gewählt werden, dass sie einer zugelassenen Kombination von zwei Handlungsbereichen entsprechen.:

Alt: mind. zwei dieser Bereich		Neu: je ein Bereich wie angegeben		
Unternehmensführung und -steuerung	→	Unternehmensführung und -steuerung		einer aus diesen 2 Bereichen
Führung und Personalmanagement	→	Führung/Personalmanagement/Kommunikikation/ Kooperation		
Mitarbeiterführung und Qualifizierung	→			
Handelsmarketing	→	Handelsmarketing		einer aus diesen sechs Bereichen
Beschaffung und Logistik	→	Beschaffung und Logistik		
Handelsmarketing und Vertrieb	→	Vertriebssteuerung	(fakultativ wird im Lehrgang und der schriftlichen Prüfung nur ein Bereich bearbeitet)	
Handelslogistik	→	Handelslogistik		
		Einkauf (neu)		
Außenhandel	→	Außenhandel		
Volkswirtschaft für die Handelspraxis	entf.			

Bei den neuen Bereichen sind die Führungs- und Personalthemen gebündelt, die Doppelung des Bereichs Handelsmarketing entfällt, es gibt einen Fokus auf Vertriebssteuerung, Einkauf wird ein eigener Bereich und die VWL entfällt als eigener Bereich. Diese Veränderungen betreffen nicht nur die Grobgliederung und die Formulierungen, sondern der zugehörige Rahmen(stoff)plan strukturiert Inhalte um und berücksichtigt die Weiterentwicklung der Thematiken.

Die Problemstellungen der Musterprüfungen lassen sich neu einordnen. Dabei entspricht allerdings nur Prüfung 2: „Hoher Bestellaufwand: Schlechter Informationsfluss Zentrale-Filiale" der neuen Prüfungsverordnung, denn (nur) ihre Problemstellung berücksichtigt erstens den Bereich Personal und zweitens den Bereich Beschaffung und Logistik. Prüfung 4 fällt in beide Problemstellungen des „Führungsblocks" und die Prüfungen 1, 3 und 5 fallen jeweils in zwei fachliche Bereiche.

Sie können die Beispiele dennoch weiterhin gut nutzen, denn sie zeigen einen Querschnitt zur Umsetzung der Handlungsbereiche in einer Präsentation. Wenn Sie Ihre Prüfung nach neuer Prüfungsverordnung ablegen, müssen Sie jedoch beachten, dass Sie mit Ihrem Thema die beiden geforderten Bereiche abdecken, so wie Beispiel 2 dies zeigt.

Musterprüfung 1 Handelsfachwirt/-in

Themenbereiche:

- Erweiterung der Produktpalette durch Make or Buy (Produktionsprozesse)
- Einführung einer neuen Markenstrategie (Marketing & Vertrieb)

Problemstellung:

Umsatzrückgang im stationären Einzelhandel

Situationsbeschreibung:

Das alteingesessene Bekleidungsunternehmen Trend & Schick GmbH mit zwei Filialen in einer norddeutschen Großstadt verzeichnet seit längerer Zeit rückläufige Umsätze. Als Grund dafür wird vor allem der allgemeine Trend zum E-Commerce angesehen.

Als Assistent der Geschäftsleitung bin ich beauftragt worden, ein Vertriebskonzept zur Einführung von E-Commerce zu erstellen. Aktuelle Produkte sollen über einen eigenen Onlineshop und Altbestände über einen Marktplatz vertrieben werden. Um Kunden auch weiterhin in das stationäre Ladengeschäft zu bekommen, sollen die Vertriebsstrategien stationärer Einzelhandel und E-Commerce miteinander kombiniert werden. Dabei sind Chancen und Risiken zu berücksichtigen.

Beispiel Grobgliederung:

- Problemstellung: Umsatzrückgang im stationären Einzelhandel
- Ziele: Einführung von E-Commerce sowie Einsatz einer Multi-Channel-Strategie
- Darstellung von Chancen und Risiken
- Fazit/Handlungsempfehlung

Form des Handouts:

Zusammenfassung der wichtigsten Punkte auf einer Seite (siehe Anhang)

Agenda

- Unternehmensvorstellung
- Problemstellung
- Ziel: E-Commerce
- Ziel: Multi-Channel
- Chancen/Risiken E-Commerce
- Chancen/Risiken Multi-Channel
- Fazit

fashion

Trend & Schick

Folie 1

fashion

Unternehmensvorstellung

- Alteingesessenes Bekleidungsgeschäft in dritter Generation (seit 1935).
- Zwei Standorte in norddeutscher Großstadt.
- 18 Angestellte, 3 Auszubildende.
- Hoher Bekanntheitsgrad durch sehr positives Image des Firmeninhabers.

Folie 2

Problemstellung

- Umsätze in den eigenen Stores sind seit Jahren rückläufig (Umsatzrückgang allein in 2013 ca. 4 %).
- Auch langjährige Stammkunden kommen zunehmend seltener ins Geschäft (Frequenzbestimmung durch Kundenkarte).
- Gleichzeitig ist festzustellen, dass der Umsatzanteil am Onlinehandel im Bereich Textil kontinuierlich steigt.

Folie 3

Ziel: Einführung E-Commerce

- Um den Umsatzrückgang zu kompensieren, soll der Vertrieb der Produkte zukünftig auch über E-Commerce erfolgen.
- Neben einem eigenen Onlineshop sollen auch vorhandene Marktplätze genutzt werden.
- Logistische Prozesse werden über einen Paketdienstleister (z. B. DHL) abgewickelt.

Folie 4

Ziel: Einführung Multi-Channel

- Gleichzeitige Nutzung von mehreren Vertriebskanälen (stationärer Handel, Online-shop, Marktplätze).
- Kanäle (Shop und Stationär) können miteinander verknüpft werden, Click & Collect (Integrationsstrategie).
- Fremde Marktplätze werden genutzt, um Niedrigpreisstrategie für Auslaufmodelle zu fahren (Separationsstrategie).

Folie 5

Chancen/Risiken E-Commerce

Chancen

- **Überregionaler Vertrieb** der Produkte
- Zusätzliche Kundenkreise d. innovative Absatzkanäle
- Keine zeitliche Verkaufsbeschränkung (24/7)
- Relativ geringe Fixkosten
- Akt. Marktveränderungen können berücksichtigt werden

Risiken

- 14-tägiges Widerrufsrecht der Kunden
- Gefahrenübergang erst beim Verbraucher
- Unternehmensorganisation muss angepasst werden
- Kunden werden auf neue Wettbewerber aufmerksam
- Permanente Datenpflege für Shop und Marktplätze

Folie 6

Chancen/Risiken Multi-Channel

Chancen

- Höhere Kundenbindung
- Umsatz und Gewinnsteigerung
- Verbesserter Customer-Lifetime-Value
- Ermöglichung von Cross-Selling
- Akquise von neuen Kundengruppen

Risiken

- **Kannibalisierungseffekte**
- Höherer Organisationsaufwand bei Click & Collect
- Höherer Planungsaufwand von verschiedenen Vertriebskanälen
- Der Kunden erkennt die Kernkompetenz der einzelnen Vertriebskanäle schwer

Folie 7

Fazit

- E-Commerce wird eingeführt, da er den Vertriebsweg der Zukunft darstellt
- Logistische Prozesse werden an kompetente Dienstleister abgegeben
- Click & Collect wird eingeführt
- Auf den elektronischen Marktplätzen werden Produkte unter einem anderen Firmennamen vertrieben

Folie 8

Handout Prüfung Handelsfachwirt/-in: E-Commerce- und Multi-Channel-Einführung

Unternehmensvorstellung:
- Trend & Schick GmbH
- Mittelständisches Textilhandelsunternehmen
- Zwei Standorte in norddeutscher Großstadt
- 18 Angestellte, 3 Auszubildende

Problemstellung:
- Umsatzrückgang im stationären Einzelhandel
- Sinkende Kundenfrequenz

Ziele E-Commerce (Handelsmarketing):
- Einführung von E-Commerce
- Gestaltung eines eigenen Onlineshops
- Nutzung von Marktplätzen

Chancen E-Commerce (Handelsmarketing):
- Dadurch Gewinnung neuer Kundengruppen
- Keine zeitlichen Verkaufsbeschränkungen
- Geringe Investitionskosten (im Vergleich zum stationären Handel)

Risiken E-Commerce (Handelsmarketing):
- Widerrufsrecht des Kunden
- Gefahrenübergang erst beim Verbraucher
- Anpassung der Unternehmensorganisation

Ziele Multi-Channel (Handelsmarketing und Vertrieb):
- Multi-Channel-Strategie
- Click and Collect
- Online kaufen – stationär umtauschen
- Rückgaberecht auch stationär

Chancen Multi-Channel (Handelsmarketing und Vertrieb):
- Höhere Kundenbindung
- Verbesserter Customer-Lifetime-Value
- Cross-Selling

Risiken Multi-Channel (Handelsmarketing und Vertrieb):
- Kannibalisierungseffekte
- Höherer Planungsaufwand bei mehreren Vertriebskanälen
- Vielschichtigkeit der Vertriebskanäle verunsichert Kunden

Fazit:
- Einführung von E-Commerce wird empfohlen, da der Markt diesen Vertriebsweg immer stärker fordert
- Die Nutzung kompetenter logistischer Dienstleister wird empfohlen

Musterprüfung 2 Handeslfachwirt/-in

Themenbereiche:

- Warenwirtschaftssystem (Beschaffung und Logistik)
- Personalschulung (Führung und Personalmanagement)

Problemstellung:
Hoher Bestellaufwand und schlechter Informationsfluss

Situationsbeschreibung:
Die Trend & Schick KG ist ein mittelständisches Textilhandelsunternehmen für Damen und Herren im hohen Preissegment mit 25 Filialen und 280 Beschäftigten. Bisher werden die Bestände von den Mitarbeitern wöchentlich kontrolliert und die Bestellungen telefonisch an die Zentrale übermittelt. Dieses Verfahren führt zu hohem Aufwand für die Bestandspflege, mehrfacher Datenerfassung und zu einem insgesamt hohen Aufwand für die Bestandspflege. Außerdem gestaltet sich der Informationsaustausch zwischen der Zentrale und den Filialen schwierig. Mitarbeiter werden nicht rechtzeitig bzw. ungenau über neue Artikel und Kollektionen informiert.

Ebenso kommt es häufig vor, dass Liefertermine der Lieferanten den Filialen nicht korrekt übermittelt werden und daher dort nicht bekannt sind. Die „überraschenden" Anlieferungen bringen den Arbeitsablauf immer wieder durcheinander.

Als Assistent der Geschäftsleitung haben Sie den Auftrag, die Einführung eines integrierten Warenwirtschaftssystems zu planen. Dadurch sollen die Kommunikation mit den Filialen verbessert und die notwendigen Daten automatisch an die Zentrale übermittelt werden. Dabei sollen Chancen und Risiken berücksichtigt werden.

Beispiel Grobgliederung:

- Problemstellung: Hoher Bestellaufwand und schlechter Informationsfluss
- Ziele: Planung eines Warenwirtschaftssystems und automatische Datenübermittlung an die Zentrale zur Kommunikationsverbesserung mit den einzelnen Filialen mit Darstellung der Vorteile
- Nachteile
- Fazit

Form des Handouts:
Folienpräsentation

Agenda

- ❑ Unternehmensvorstellung
- ❑ Problemstellung
- ❑ Ziele und Vorteile Beschaffung & Logistik
- ❑ Ziele und Vorteile Führung & Personalmanagement
- ❑ Mögliche Nachteile
- ❑ Fazit

Folie 1

Unternehmensvorstellung

- Trend & Schick KG
- Mittelständisches Handelsunternehmen der Textilbranche
- 25 Filialen – 280 Beschäftigte
- Handel mit Textilien (hohes Preissegment) für Damen und Herren

Folie 2

Problemstellung

- Häufige **Out-of-Stock**-Situationen und dadurch hohe **Fehlmengenkosten** (teilweise geringer **Servicegrad**)
- Hoher Zeitaufwand für Bestandsermittlung und Bestellwesen (telefonische Informationsübermittlung)
- Kein **integriertes Warenwirtschaftssystem** (fehlende Basis für Info – Module sind nicht verknüpft)
- Zentrale stellt Artikelinformationen nur auf Papier bereit
- Mitarbeiter in der Zentrale haben keinen tagesaktuellen Überblick über tatsächliche Abverkäufe in der Filiale
- Fehlende Info –Motivationsverlust bei den Mitarbeitern in den Filialen (Zeitaufwand, unkoordinierte Abläufe)

Folie 3

➔ Ziele: Beschaffung und Logistik

- Einführung eines **integrierten Warenwirtschaftssystems**

Vorteile:

- Bestellungen und Abverkaufsdaten können von Filiale elektronisch (EDI) versendet werden (weniger **Schnittstellen**, keine **Mehrfacherfassungen**)
- Wareneingänge können seitens der Zentrale elektronisch avisiert werden (Filiale hat Überblick über anstehende Lieferungen und Produkte, **Warenannahme** erfolgt schneller – ggf. Einsatz von **RFID**)
- Artikelinfos können vom Lieferanten übernommen und elektronisch für Filiale bereitgestellt werden
- Höhere **Kundenzufriedenheit** durch bessere Informationen, schnellere **Produktverfügbarkeit** sowie mehr Zeit für die **Kundenberatung**

Folie 4

➔ Ziele: Führung u. Personalmanagem.

- Personal wird **intern geschult** (**Training on the Job**), ggf. wird durch **extere Schulungen** ergänzt

Vorteile:

- Personal kann Kundenfragen (aufgrund Artikelinfo) besser beantworten
- Mitarbeiter haben mehr Transparenz – dadurch höhere Motivation (**extrinsische/instrinsiche Motivation**)
- **Arbeitsprozesse** können besser automatisiert werden (geringe Fehlerquote und mehr Zeit für Verkaufstätigkeiten)

Folie 5

Nachteile

- Hohe **Kosten** für Einführung der Technik und Schulung der Mitarbeiter
- Ängste der Mitarbeiter durch Einsatz neuer Technologien
- Mitarbeiter müssen System gewissenhaft pflegen
- **Arbeitsprozesse (Aufbau-/Ablauforganisation)** müssen neu organisiert werden

Folie 6

Fazit

- Integriertes Warenwirtschaftssystem wird eingeführt
- Höhere Transparenz in den Filialen
- Weniger Aufwand für Bestellungen, Bestandspflege und Planung
- Schnellere Reaktion auf Marktveränderungen, da Daten in der Zentrale schneller vorliegen
- Mehrfacherfassungen der Daten (und damit die Fehlerquote sowie die Erfassungszeit) werden verringert

Folie 7

Handout (verkleinerter Foliensatz)

Agenda

- Unternehmensvorstellung
- Problemstellung
- Ziele und Vorteile Beschaffung & Logistik
- Ziele und Vorteile Führung & Personalmanagement
- Mögliche Nachteile
- Fazit

Folie 1

Problemstellung

- Häufige **Out-of-Stock**-Situationen und dadurch hohe **Fehlmengenkosten** (teilweise geringer **Servicegrad**)
- Hoher Zeitaufwand für Bestandsermittlung und Bestellwesen (telefonische Informationsübermittlung)
- Kein **integriertes Warenwirtschaftssystem** (fehlende Basis für Info – Module sind nicht verknüpft)
- Zentrale stellt Artikelinformationen nur auf Papier bereit
- Mitarbeiter in der Zentrale haben keinen tagesaktuellen Überblick über tatsächliche Abverkäufe in der Filiale
- Fehlende Info – Motivationsverlust bei den Mitarbeitern in den Filialen (Zeitaufwand, unkoordinierte Abläufe)

Unternehmensvorstellung

- Trend & Schick KG
- Mittelständisches Handelsunternehmen der Textilbranche
- 25 Filialen – 280 Beschäftigte
- Handel mit Textilien (hohes Preissegment) für Damen und Herren

Folie 2

→ Ziele: Beschaffung und Logistik

- Einführung eines **integrierten Warenwirtschaftssystems**

Vorteile:

- Bestellungen und Abverkaufsdaten können von Filiale elektronisch (EDI) versendet werden (weniger **Schnittstellen**, keine **Mehrfacherfassungen**)
- Wareneingänge können seitens der Zentrale elektronisch avisiert werden (Filiale hat Überblick über anstehende Lieferungen und Produkte, **Warenannahme** erfolgt schneller – ggf. Einsatz von **RFID**)
- Artikelinfos können vom Lieferanten übernommen und elektronisch für Filiale bereitgestellt werden
- Höhere **Kundenzufriedenheit** durch bessere Info, schnellere **Produktverfügbarkeit**, mehr Zeit für **Beratung**

→ Ziele: Führung u. Personalmanagem.

- Personal wird **intern geschult** (**Training on the Job**), ggf. wird durch **extere Schulungen** ergänzt

Vorteile:

- Personal kann Kundenfragen (aufgrund Artikelinfo) besser beantworten
- Mitarbeiter haben mehr Transparenz – dadurch höhere Motivation (**extrinsische/instrinsiche Motivation**)
- **Arbeitsprozesse** können besser automatisiert werden (geringe Fehlerquote, mehr Zeit für Verkaufstätigkeiten)

Folie 5

Fazit

- Integriertes Warenwirtschaftssystem wird eingeführt
- Höhere Transparenz in den Filialen
- Weniger Aufwand für Bestellungen, Bestandspflege und Planung
- Schnellere Reaktion auf Marktveränderungen, da Daten in der Zentrale schneller vorliegen
- Mehrfacherfassungen der Daten (und damit die Fehlerquote sowie die Erfassungszeit) werden verringert

Folie 7

Mögliche Nachteile

- Hohe **Kosten** für Einführung der Technik und Schulung der Mitarbeiter
- Ängste der Mitarbeiter durch Einsatz neuer Technologien
- Mitarbeiter müssen System gewissenhaft pflegen
- **Arbeitsprozesse (Aufbau-/Ablauforganisation)** müssen neu organisiert werden

Folie 6

Hinweis zur Darstellung der folgenden Musterprüfungen

Die Musterprüfungen 3, 4 und 5 werden ohne besondere Gestaltung dargestellt und platzsparend angeordnet. Selbstverständlich haben jedoch bei der Ausarbeitung Ihrer Präsentation alle Folien die gleiche Größe, und Sie können sie nach den Anregungen, die die Musterprüfungen 1 und 2 geben, entsprechend visualisieren. Das ist sinnvoll, sollte aber nicht übertrieben werden, um keine „überladene" Präsentation abzuliefern.

Musterprüfung 3 Handelsfachwirt/-in

Themenbereiche:

- Handelsmarketing & Vertrieb (Einführung einer Handelsmarke)
- Beschaffung & Logistik (Local Sourcing, dezentrale Beschaffung)

Problemstellung:

Ein Discounter will eine neue Produktlinie in Form einer Handelsmarke (Bioprodukte) einführen.

Situationsbeschreibung:

Ein mittelständischer Discounter sieht sich unter starkem Wettbewerbsdruck. Daher möchte er nun eine neue Produktlinie in Form einer neuen Bio-Handelsmarke einführen. Ziele sind dabei, den eigenen USP zu stärken, sich vom Wettbewerb abzusetzen sowie eine höhere Marge zu erzielen.

Als neuer Bereichsleiter für den Bereich Food habe ich die Aufgabe, die Einführung und den Absatz der entsprechenden Produktlinie zu planen. Dabei soll ich die verschiedenen Maßnahmen der Verkaufsförderung mit einbeziehen. Die Produkte dieser Produktlinie werden in räumlicher Umgebung der Märkte beschafft, außerdem haben die Filialen ein Mitspracherecht bei der Produktauswahl,

Beispiel Grobgliederung:

- Problemstellung: Starker Wettbewerbsdruck
- Lösungsansätze: Einführung einer neuen Produktlinie(Biopodukte) als Handelsmarke; Produkte werden in räumlicher Nähe beschafft
- Chancen & Risiken
- Fazit

Form des Handouts: Wahlweise, siehe Beispiele Musterprüfung 1 und 2

Agenda

- Unternehmensvorstellung
- Problemstellung
- Lösungsansätze Handelsmarketing & Beschaffung
- Einführung einer Handelsmarke
- Local Sourcing
- Verkaufsförderung
- Chancen des Konzepts
- Risiken des Konzepts
- Fazit

Folie 1

Unternehmensvorstellung

- Unternehmen aus dem Lebensmitteldiscount
- Gründung 1956
- Ca. 12.000 Mitarbeiter
- Umsatz ca. 5,2 Mrd. €
- ca. 1.500 Filialen

Folie 2

Problemstellung

- Das Unternehmen befindet sich unter starkem Wettbewerbsdruck
- Daher soll mithilfe einer neuen Produktlinie aus dem Bio-Bereich der USP gestärkt und die Marge erhöht werden
- Dabei sind verschiedene Möglichkeiten der Verkaufsförderung zu berücksichtigen

Folie 3

Lösungsansätze

Handelsmarketing
- Einführung einer **Handelsmarke**
- **Absatzfördernde Maßnahmen** (Verkostung)

Beschaffung & Logistik
- **Lokale Beschaffung** bei regionalen Erzeugern
- Beschaffung durch die Märkte vor Ort (**dezentrale Beschaffung**)

Folie 4

Einführung einer Handelsmarke

- Einführung als Premium-**Handelsmarke**
- Nur in den eigenen Filialen erhältlich
- Freie Gestaltung in der **Preispolitik**
- Geringere Einstandspreise
- Besseres Image für das Unternehmen
- Höhere Kundenbindung

Folie 5

Verkaufsförderung

- Gehört im **Marketingmix** zum Bereich der **Kommunikationspolitik**

Beispiele:
- Verkostung in den Filialen
- Displays im Schaufenster und in den Filialen
- Zweitplatzierungen in den Filialen
- Besondere Aktionsverpackungen
- Bekanntmachung in Flyern
- Einsatz von Promoterinnen

Folie 6

Local Sourcing

- Die Produkte werden aus der räumlichen Umgebung beschafft
- Die Märkte selbst haben ein starkes Mitspracherecht und können Verbraucheranregungen und -wünsche berücksichtigen
- Gleichzeitig beschaffen sie die Waren direkt bei den Erzeugern vor Ort
- Marketingabteilung in der Zentrale unterstützt durch **Marktforschung**

Folie 7

Chancen des Konzepts

- Hohe Akzeptanz durch stark nachgefragte Bioprodukte als Handelsmarke
- **Alleinstellungsmerkmal** beim Endverbraucher durch Bezug von regionalen Anbietern
- Vertrauen stärkt Bindung des Kunden an das Unternehmen
- Hohes Wachstumspotenzial

Folie 8

Risiken des Konzepts

- Hoher Aufwand (Märkte können Lieferanten mit auswählen)
- Kunden springen nicht auf Bioprodukte an (Preis zu hoch)
- Kunden glauben nicht an hohe Qualität der Bioprodukte
- Filialen gehen nicht einheitlich vor – enge Abstimmung notwendig (verschiedene Filialen haben unterschiedliche Bioprodukte der neuen Produktlinie)

Folie 9

Fazit

- Die neue Produktlinie (Bioprodukte) wird eingeführt

Begründung:

- Stark wachsendes Segment
- Verbesserte Margen
- Aufbau einer exklusiven Handelsmarke
- Innovative und zukunftsfähige Produkte

Folie 10

Musterprüfung 4 Handelsfachwirt/-in

Themenbereiche:
- Kostenvergleichsrechnung (Unternehmensführung)
- Einstellung und Schulung der Mitarbeiter (Führung und Personalmanagement)

Problemstellung:
Erweiterung des Vertriebsgebietes durch Handelsvertreter oder durch Reisende

Situationsbeschreibung:
Ein Textilhandelsunternehmen steht vor der Situation, dass das Umsatzziel in Skandinavien das dritte Mal in Folge verfehlt wurde. Bisher wurden die Kunden lediglich über einen Telefonvertrieb betreut. Es wird überlegt, zur Verbesserung der Umsatzsituation eine Betreuung der Kunden vor Ort vorzunehmen.

Als neuer Vertriebsleiter Skandinavien soll ich nun der Geschäftsführung ein Konzept unterbreiten, das den direkten Vertrieb entweder durch Handelsvertreter oder durch Reisende vorsieht. Dabei sind neben den Kosten auch andere Aspekte zu berücksichtigen.

Beispiel Grobgliederung:
- Problemstellung: Verfehlung der Umsatzziele in Skandinavien
- Ziele: Einführung eines Vertriebs vor Ort entweder durch Handelsvertreter oder Reisende
- Darstellung von Chancen und Risiken
- Fazit

Form des Handouts: Wahlweise, siehe Beispiele Musterprüfung 1 und 2

Agenda

- Unternehmensvorstellung
- Ausgangssituation
- Mögliche Vertriebswege
- Kostenvergleichsrechnung
- Chancen: Reisender/Handelsvertreter
- Risiken: Reisender/Handelsvertreter
- Personalbeschaffung und Schulung
- Mögliche Inhalte Stellenbeschreibung
- Fazit

Folie 1

Unternehmensvorstellung

- Hersteller von Winter- und Freizeitbekleidung
- Seit 1965 am Markt
- Marktführer in D, A, CH
- In 2009 Expansion nach Skandinavien

Folie 2

Ausgangssituation

- Die Umsatzentwicklung in den skandinavischen Ländern ist schon das 5. Jahr in Folge unter Plan und zuletzt negativ
- Umsatzziele wurden nicht erreicht
- Wettbewerb gewinnt Marktanteile
- Die Kundenbetreuung erfolgt bisher nur telefonisch
- Der Vertrieb der Produkte muss neu strukturiert werden

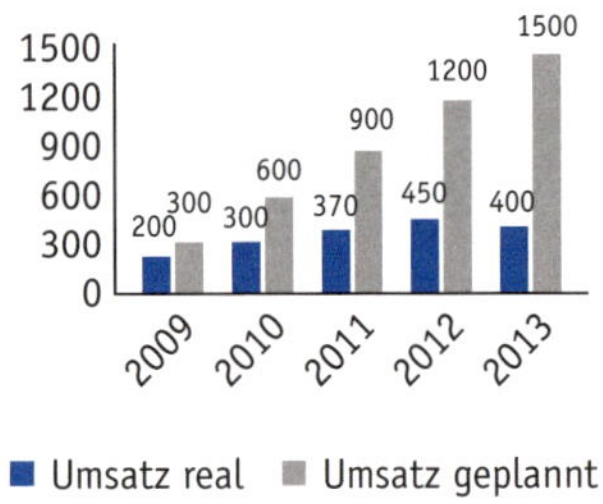

Folie 3

Mögliche Vertriebswege

Folie 4

Kostenvergleichsrechnung

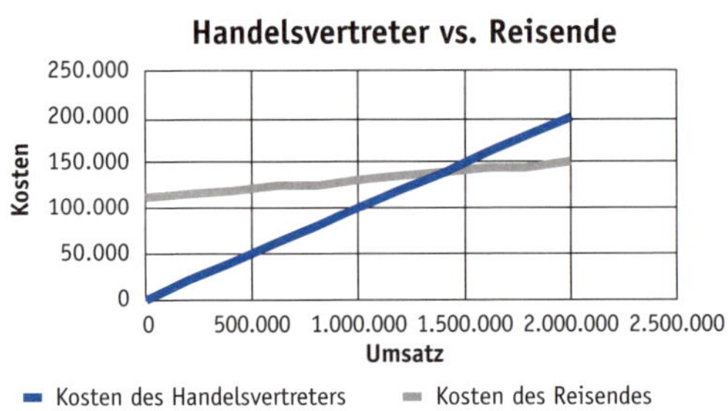

Folie 5

Chancen: Reisender/Handelsvertreter

Reisender (eigener Mitarbeiter)
- Niedrigere Kosten bei hohen Umsätzen
- Bessere Produktkenntnisse
- Mehr Einfluss auf Arbeitsweise
- Höhere **Motivation**
- Bessere **Zielvereinbarung** möglich

Handesvertreter
- Bessere Marktkenntnisse
- Eigener Kundenstamm bereits vorhanden
- Keine **Personalverantwortung**
- Keine bzw. geringe **Fixkosten**
- Kurzfristige Vertragsauflösung möglich

Folie 6

Chancen: Reisender/Handelsvertreter

Reisender (eigener Mitarbeiter)
- Hohe **Sozialkosten**
- **Kündigungsschutz**
- **Betriebsblind**
- Geringere Motivation bei hohem Fixum
- Zusätzliche Kosten (Spesen)

Handesvertreter
- **Stock-Picking**
- Geringere **Unternehmensloyalität**
- Kaum Beeinflussungsmöglichkeit durch das Unternehmen

Folie 7

Personalbeschaffung und Schulung

- Erstellung einer Stellenausschreibung mit den entsprechenden **Hard und Soft Skills**
- **Stellenanzeigen** im Internet und auch in deutschen sowie skandinavischen Zeitungen
- Alternativ wäre auch eine **interne Stellenausschreibung** (Reisende) möglich
- Schulung des Mitarbeiters teilweise durch den bisherigen Außendienst (**on the Job**), teilweise durch Rollenspiele (**off the Job**) bzw. durch einen **externen (skandinavischen) Trainer**

Folie 8

Mögliche inhaltliche Stellenbeschreibung

- Wem ist der Außendienst unterstellt?
- Welche Aufgaben ergeben sich (Kundenbesuche, Marktberichte, Umsatzziele, Aufnahme von Bestellungen)?
- Welche **Kompetenzen** hat der Stelleninhaber?
- Wer muss wie oft informiert werden?
- Welche Punkte sollen wie und wie oft kontrolliert werden?
- Wie soll der **Stelleninhaber** entlohnt werden?
- Wo ist die **Schnittstelle** zum Innendienst?
- Wer übernimmt bei Krankheit und Urlaub die Vertretung?

Folie 9

Fazit

- Da eine individuelle Kundenbetreuung immer wichtiger wird, sollte der Vertrieb über Reisende realisiert werden
- Die Stelle wird intern und extern ausgeschrieben
- Die Schulung der Reisenden erfolgt durch einen skandinavischen Verkaufstrainer

Folie 10

Musterprüfung 5 Handeslfachwirt/-in

Themenbereiche:
- Einführung Category Management (Handelsmarketing)
- Einführung effiziente Nachversorgung (Beschaffung & Logistik)

Problemstellung:
Hohe Fehlmengenkosten bei A-Artikeln bei gleichzeitig hohem Lagerbestand der B- und C-Artikel

Situationsbeschreibung:
Im Unternehmen gehen die Umsätze seit mehreren Monaten zurück. Bei einer internen Gesprächsrunde berichten die Verkäufer, dass die Kunden sich häufig über leere Regale sowie fehlende Zusatzartikel beschweren, die jedoch beim Wettbewerb zu bekommen wären.

Als Abteilungsleiter habe ich von der Geschäftsleitung die Aufgabe erhalten, gemeinsam mit den Lieferanten das Sortiment im Sinne des Category-Managements umzustrukturieren. Darüber hinaus soll für strategisch wichtige Artikel die Bestandsverantwortung in die Hände der Lieferanten gelegt werden, um zukünftig Fehlmengenkosten zu vermeiden.

Beispiel Grobgliederung:
- Problemstellung: Fehlmengenkosten bei A-Artikeln, hohe Lagerbestände bei B- & C-Artikeln
- Lösungsansätze: Einführung von Category-Management und einer Effizienten Nachversorgung
- Chancen & Risiken
- Fazit

Form des Handouts: Wahlweise, siehe Beispiele Musterprüfung 1 und 2

Agenda

- Unternehmensvorstellung
- Ausgangssituation
- Lösung 1: Category Management
- Chancen/Risiken: Category Management
- Lösung 2: Effiziente Nachversorgung
- Chancen/Risikien: Effiziente Nachversorgung
- Fazit

Folie 1

Unternehmensvorstellung

- Norddeutsche Drogeriekette
- Spezialisiert auf den Vertrieb typischer „nordischer Produkte“
- 180 Filialen
- 2.900 Angestellte

Folie 2

Ausgangssituation

- Die Umsätze gehen seit mehreren Monaten zurück, während die gesamte Branche weiter wächst
- Stark nachgefragte Artikel sind oft schnell vergriffen (**Out-of-Stock**), während es andererseits oft zu hohen **Überbeständen** (und damit verbundenen Abschriften) kommt
- Es werden wenig **Verbundverkäufe** realisiert, da Zusammenhänge nicht bekannt sind

Folie 3

Lösung 1 Category Management

- Bildung von Warengruppen, die aus Käufersicht zusammengehören (Kooperation mit den vier wichtigsten Lieferanten)
- Engere Zusammenarbeit und regelmäßiger Erfahrungsaustausch durch den **Category Manager**
- Mehr Umsatz und **Zusatzgeschäfte** durch **effiziente Sortimentspolitik**
- Optimierter Einsatz der Marketingmittel durch **effiziente Verkaufsförderung**
- Gemeinsame Einführung von neuen Produkten (als **Handelsmarken**) und Dienstleistungen mit **effizienter Produkteinführung**

Folie 4

Chancen/Risiken: Category Management

Chancen

- Beidseitige Nutzung von Erfahrungen
- Bündelung von Maßnahmen (**Synergieeffekte**)
- Bessere Ausnutzung des Werbebudgets
- Effektivere Sortimente
- Generierung von Zusatzgeschäften

Risiken

- Sensible Daten werden weitergegeben
- Stärkere Abhängigkeit vom Lieferanten
- Kosten und Aufwand für Abstimmung

Folie 5

Lösung 2: Effiziente Nachversorgung

- Die Nachlieferung erfolgt aufgrund der täglich übermittelten Abverkaufszahlen an den Lieferanten
- Diese Daten werden mithilfe des elektronischen Datenaustausches (**Electronic Data Interchange**) an die entsprechenden Lieferanten übermittelt
- Der Lieferant übernimmt die Verantwortung über den Bestand (**Vendor-Managed-Inventory**)

Folie 6

Chancen/Risiken: Effiziente Nachversorgung

Chancen

- Nachgefragte Ware ist immer verfügbar (geringere **Fehlmengenkosten**)
- Bestellaufwand wird verringert
- Personal hat mehr Zeit für **Kundenberatung**

Risiken

- Sensible Daten
- Lieferant liefert nicht zuverlässig
- Abhängigkeit vom Lieferanten (kann nicht kurzfristig substituiert werden)

Folie 7

Fazit

- Category Management wird empfohlen
- Durch die Kooperation mit den Lieferanten können der Umsatz und die Effektivität der Prozesse sowie die Markttransparenz gesteigert werden
- Die Attraktivität gegenüber dem Endkunden kann gesteigert werden
- Durch die automatische Nachlieferung sind stark nachgefragte Artikel schnell wieder verfügbar und die Fehlmengenkosten sinken

Folie 8

8.3 Beispiele Musterprüfungen Industriefachwirt/-in

	Problemstellung	Handlungsbereiche
Prüfung Industrie 1	Erweiterung der Produktportfolios	• Erweiterung der Produktpalette durch Make or Buy (Produktionsprozesse) • Einführung einer neuen Markenstrategie (Marketing & Vertrieb)
	(Handout als Zusammenfassung auf einer Seite gestaltet)	
Prüfung Industrie 2	Umsatz- und Gewinnrückgang	• Erweiterung der Produktpalette und Umstellung des Produktionsverfahrens (Produktionsprozesse) • Aufbau von neuen Vertriebswegen, Betreuung durch eigenen Außendienst (Marketing & Vertrieb)
	(Handout als verkleinerter Ausdruck der Folienpräsentation)	
Prüfung Industrie 3	Erweiterung des Vertriebsgebietes durch Handelsvertreter	• Erweiterung des Vertriebsgebietes (Führung und Zusammenarbeit) • Aufbau neuer Vertriebswege (Marketing & Vertrieb)
Prüfung Industrie 4	Hohe Fluktuationsrate durch autoritären Führungsstil	• Wechsel von Stablinien- auf Matrixorganisation (Wissens- und Transfermanagement) • Wechsel des Führungsstils (Führung und Zusammenarbeit)
Prüfung Industrie 5	Expansion auf dem chinesischen Markt	• Expansion auf dem asiatischen Markt (Marketing & Vertrieb)

Musterprüfung 1 Industriefachwirt/-in

Themenbereiche:
- Erweiterung der Produktpalette durch Make or Buy (Produktionsprozesse)
- Einführung einer neuen Markenstrategie (Marketing & Vertrieb)

Problemstellung:
Ein Unternehmen aus der Konfitürenproduktion möchte das Produktportfolio um zwei neue Geschäftsfelder (Kartoffel- und Sojaprodukte) erweitern. Dabei ist zu berücksichtigen, dass die vorhandenen Produktionskapazitäten bereits ausgelastet sind. In diesem Zusammenhang überlegt die Geschäftsleitung, die bisherige Dachmarkenstrategie in eine Familienmarkenstrategie umzuwandeln.
Als Assistent der Geschäftsleitung ist es nun meine Aufgabe, zunächst das Für und Wider verschiedener Lösungsansätze zu erörtern.

Beispiel Grobgliederung:
- Problemstellung: Einführung zweier neuer Geschäftsfelder bei hoher Auslastung der vorhandenen Kapazitäten durch Make or Buy sowie Wechsel der Markenstrategie aufgrund von Umsatzrückgängen
- Zielsetzung: Suche eines Dienstleisters anhand eines Pflichtenheftes sowie Wechsel der vorhandenen Markenstrategie zur Steigerung der bisherigen Umsatz- und Gewinnaussichten
- Chancen & Risiken
- Fazit/Handlungsempfehlung

Form des Handouts:
Zusammenfassung der wichtigsten Punkte auf einer Seite (siehe Anhang)

Agenda

- Unternehmensvorstellung
- Problemstellung
- Lösung 1 Produktionsprozesse
- Lösung 2 Marketing und Vertrieb
- Chancen Outsourcing
- Risiken Outsourcing
- Chancen Marketingstrategie
- Risiken Marketingstrategie
- Fazit

Obstgarten
Konfitüren

Folie 1

Unternehmensvorstellung

- Obstgarten Konfitüren AG
- Traditionsunternehmen der Konfitürenherstellung
- Bisherige Produktpalette:
  Konfitüren, Riegel, Brotaufstrich, Sirup
- 480 Festangestellte

Folie 2

Problemstellung

- Seit der Finanzkrise sind erhebliche **Umsatzrückgänge** zu verzeichnen
- Aus diesem Grund plant das Unternehmen, zwei neue Geschäftsfelder zu Anbau und Produktion von Bioprodukten (diverse Kartoffel- und Sojasorten) aufzunehmen
- Vorhandene **Produktionskapazitäten** sind ausgelastet
- Die Aufnahme von zusätzlichem Fremdkapital ist nicht zu realisieren
- Außerdem überlegt das Management, statt der bisherigen **Dachmarkenstrategie** eine andere **Markenstrategie** einzuführen

Folie 3

Lösung 1 Produktionsprozesse

- Da eigene Produktionskapazitäten ausgelastet sind, müssen die neuen Geschäftsfelder durch einen externen Hersteller produziert (= **Outsourcing**) werden
- Zur Umsetzung dieses Konzeptes ist ein entsprechendes **Pflichtenheft** zu erstellen
- Weiterhin ist die Erarbeitung von **Controlling-Maßnahmen** zur Überprüfung des Fremdherstellers notwendig

Folie 4

Lösung 2
Marketing und Vertrieb

- Überarbeitung der vorhandenen **Markenstrategie** (bisher **Dachmarkenstrategie** – neu **Familienmarkenstrategie**)
- Ziel ist die Nutzung des guten Images des Unternehmens und der hohen Beliebtheit der bisherigen Produkte am Markt

Folie 5

Chancen Outsourcing

- Know-how des Fremdherstellers nutzen
- Höhere Leistung durch Spezialisierung des Fremdherstellers möglich
- Kaum zusätzliche **Liquidität** erforderlich
- Höhere Margen durch geringe Bezugskosten

Folie 6

Risiken Outsourcing

- Abhängigkeit vom Fremdhersteller (dieser erhält zusätzliches Know-how und kennt Kunden – sensible Daten)
- Schwierigkeiten beim Controlling des Fremdherstellers
- Probleme/Aufwand bei der Ausführung der Prozesse durch den Fremdhersteller (unterschiedliche CI)

Folie 7

Chancen Marketingstrategie

Chancen Dachmarke

- Reduzierung **Marketingkosten**
- Höherer Bekanntheitsgrad
- Senkung des **Flop-Risikos**
- Nutzung von **Synergien**

Chancen Familienmarke

- Eingeschränktes Negativimage des gesamtes **Produktportfolios**
- **USP** bleibt für jede Produktgruppe erhalten
- Keine **Markenverwässerung** bei **Kundengruppen**

Folie 8

Risiken Marketingstrategie

Risiken Dachmarke

- Gesamtes Produktportfolio gerät in Misskredit
- USP geht verloren
- Neue Produkte passen nicht zum **Sortiment**

Risiken Familienmarke

- Abstimmung Dach- und Familienmarke
- Höhere Kosten
- Kunde nimmt Marke nicht wahr
- Synergie nicht optimal nutzbar
- Längere Einführungszeiten

Folie 9

Fazit

- Neue Geschäftsfelder werden mithilfe eines Fremdherstellers eingeführt, um die eigene **Liquidität** zu schonen und dessen Know-how zu nutzen
- Je heterogener die Produktlinien, desto eher muss ein Unternehmen auf eine Familienmarkenstrategie zurückgreifen, um die Kernkompetenz der jeweiligen Produktlinie gegenüber den anderen Produktlinien beim Kunden zu verdeutlichen

Folie 10

Handout Prüfung Industriefachwirt/-in: Erweiterung des Produktportfolios

Unternehmensvorstellung
- Konfitüren AG
- Traditionsunternehmen
- Bisherige Produktpalette: Konfitüre, Riegel, Brotaufstrich, Sirup
- 480 Angestellte

Problemstellung
Umsatzrückgänge der letzten Jahre sollen durch die Aufnahme von zwei neuen Geschäftsfeldern bei voller Kapazitätsauslastung sowie einen Wechsel der Markenstrategie kompensiert werden

Lösung 1 Produktionsprozesse
- Erweiterung der bisherigen Produktpalette durch Outsourcing
- Erstellung eines entsprechenden Konzeptes (Pflichtenheft) sowie geeigneter Controlling-Maßnahmen zur Überprüfung des Fremdherstellers

Lösung 2 Marketing & Vertrieb
Wechsel der Marketingstrategie von der Dachmarkenstrategie zur Familienmarkenstrategie

Chancen Produktionsprozesse
- Know-how des Fremdherstellers nutzen
- Eigene Liquidität wird geschont

Risiken Produktionsprozesse
- Fremdhersteller erhält Einblick in Unternehmensstrategien und -daten
- Probleme bei der Kontrolle des Fremdherstellers

Chancen Marketing & Vertrieb (Wechsel zur Familienmarke)
- Reduzierung des Negativimages auf das Gesamtportfolio
- USP in den einzelnen Produktlinien bleibt erhalten
- Reduzierung der Gefahr der Markenverwässerung beim Kunden

Risiken Marketing & Vertrieb (Wechsel zur Familienmarke)
- Höhere Marketingkosten
- Längere Einführungsphase als bei Dachmarke
- Nur Synergien innerhalb der Produktlinie möglich

Fazit
- Neue Geschäftsfelder werden durch Fremdhersteller produziert, um Liquidität zu schonen
- Die Familienmarkenstrategie wird verwendet, um heterogenen Produktgruppen einen eigenen USP zu geben – außerdem soll die Markenverwässerung vermieden werden

Musterprüfung 2 Industriefachwirt/-in

Themenbereiche:

- Erweiterung der Produktpalette und Umstellung der Produktionsverfahren (Produktionsprozesse)
- Aufbau neuer Vertriebswege (Marketing & Vertrieb)

Problemstellung:

Ein mittelständisches Unternehmen der Baustoffindustrie für Betonteile fertigt für gewerbliche Kunden Industriepflaster in vielen verschiedenen Ausführungen, das überwiegend für Hofeinfahrten und Parkplätze Verwendung findet. In den letzten zwei Jahren sind in diesem Geschäftsfeld die Umsätze um 15 % und die Gewinne um 18 % zurückgegangen.

Daher überlegt das Management die Produktpalette auf Gestaltungspflaster für Außenanlagen von Privathäusern und auf das stark wachsende Geschäftsfeld Gartengestaltung in Form von Pflanzringen, Blockstufen, Rasenkanten usw. zu erweitern.

Zur Erweiterung der Produktpalette muss auch die eigene Produktion umgestellt werden. Ich als neuer Assistent des Geschäftsführers soll ein entsprechendes Konzept ausarbeiten und präsentieren.

Beispiel Grobgliederung:

- Problemstellung: schmales und tiefes Sortiment, Rückgang bei Umsatz und Gewinn
- Zielsetzung: Umsatz und Gewinnsteigerung durch Einführung neuer Geschäftsfelder, die durch neue Vertriebswege gewonnen werden sollen
- Chancen & Risiken
- Fazit

Form des Handouts:

Zusammenfassung der wichtigsten Punkte auf einer Seite (siehe Anhang)

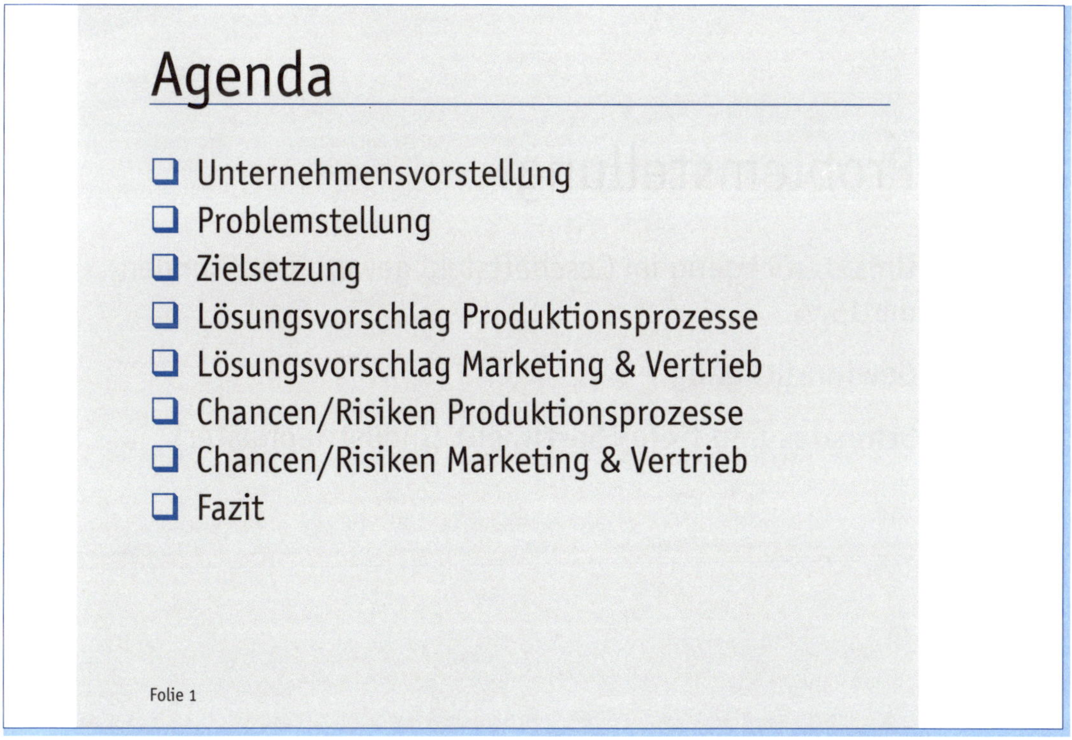

Unternehmensvorstellung

- Mittelständisches Betonwerk in Süddeutschland
- Gegründet 1987
- 86 Mitarbeiter
- Vertrieb bisher nur in Süddeutschland
- Produktion nur für gewerbliche Kunden im Direktvertrieb

Folie 2

Problemstellung

- **Umsatzrückgang** im Geschäftsfeld gewerbliche Kunden um 15 %
- **Gewinnrückgang**
- **Schmales und tiefes Sortiment** (Industriepflaster)

Folie 3

Zielsetzung

- Verbesserung des Umsatzes
- Gewinnsteigerung
- Bessere Produktionsauslastung
- Senkung der stückfixen Kosten (**Fixkostendegression**)
- Neue Zielgruppen gewinnen
- Risikostreuung durch neue zusätzliche Geschäftsfelder

Folie 4

Lösungsvorschlag Produktionsprozesse

- Erweiterung der Produktpalette (für das wachsende Geschäftsfeld Gartengestaltung für Privatkunden)
- Umstellung der Produktion von **Sorten- auf Serienfertigung**
- Die zusätzlich benötigten Transportkapazitäten sollen durch einen **Logistikdienstleister** erbracht werden

Folie 5

Lösungsvorschlag Marketing & Vertrieb

- Aufnahme von neuen Vertriebswegen (Baustoffgroßhandel und -einzelhandel bzw. Baumärkte)
- Dieser Vertriebsweg soll durch eigene Reisende aufgebaut und betreut werden
- Gleichzeitig wird auch überlegt, die Produkte online zu vertreiben

Folie 6

Chancen/Risiken Produktionsprozesse

Chancen +

- Bessere Auslastung der Produktionsanlagen
- Fixkostendegression

Risiken –

- Zusätzliche Investitionen erforderlich
- Höhere Fixkosten (**Opportunitätskosten**)
- Personalschulung

Folie 7

Chancen/Risiken Marketing & Vertrieb

Chancen +

- Ausweitung der Produktpalette
- Umsatzsteigerung
- **Neue Käuferschichten**

Risiken –

- **Kosten** der Markteinführung
- **Schulung** des Außendienstes
- Umbau der **Unternehmensorganisation** (Einführung von Key-Account-Management)
- Abhängigkeit vom Handel

Folie 8

Fazit

- Eine **horizontale Diversifikation** ermöglicht es dem Unternehmen, die **Wettbewerbsfähigkeit** des Unternehmens zu erhöhen und neue **Marktchancen** zu nutzen
- Zu beachten sind die Kosten für das neue Personal sowie die Veränderung der **Aufbau- und Ablauforganisation**

Folie 9

Handout (verkleinerter Foliensatz)

Agenda

- ❑ Unternehmensvorstellung
- ❑ Problemstellung
- ❑ Zielsetzung
- ❑ Lösungsvorschlag Produktionsprozesse
- ❑ Lösungsvorschlag Marketing & Vertrieb
- ❑ Chancen/Risiken Produktionsprozesse
- ❑ Chancen/Risiken Marketing & Vertrieb
- ❑ Fazit

Folie 1

Unternehmensvorstellung

- ❑ Mittelständisches Betonwerk in Süddeutschland
- ❑ Gegründet 1987
- ❑ 86 Mitarbeiter
- ❑ Vertrieb bisher nur in Süddeutschland
- ❑ Produktion nur für gewerbliche Kunden im Direktvertrieb

Folie 2

Problemstellung

- ❑ Umsatzrückgang im Geschäftsfeld gewerbliche Kunden um 15 %
- ❑ Gewinnrückgang
- ❑ Schmales und tiefes Sortiment (Industriepflaster)

Folie 3

Zielsetzung

- ❑ Verbesserung des Umsatzes
- ❑ Gewinnsteigerung
- ❑ Bessere Produktionsauslastung
- ❑ Senkung der stückfixen Kosten (Fixkostendegression)
- ❑ Neue Zielgruppen gewinnen

Folie 4

Lösungsvorschlag Produktionsprozesse

- ❑ Erweiterung der Produktpalette (für das wachsende Geschäftsfeld Gartengestaltung für Privatkunden)
- ❑ Umstellung der Produktion von Sorten- auf Serienfertigung
- ❑ Die zusätzlich benötigten Transportkapazitäten sollen durch einen Logistikdienstleister erbracht werden

Folie 5

Lösungsvorschlag Marketing & Vertrieb

- ❑ Aufnahme von neuen Vertriebswegen (Baustoffgroßhandel und -einzelhandel bzw. Baumärkte)
- ❑ Dieser Vertriebsweg soll durch eigene Reisende aufgebaut und betreut werden
- ❑ Gleichzeitig wird auch überlegt, die Produkte online zu vertreiben

Folie 6

Chancen und Risiken: Produktionsprozesse

Chancen +

- ❑ Ausweitung der Produktpalette
- ❑ Umsatzsteigerung
- ❑ Neue Käuferschichten

Risiken -

- ❑ Zusätzliche Investitionen erforderlich
- ❑ Höhere Fixkosten (Opportunitätskosten)
- ❑ Personalschulung

Folie 7

Chancen und Risiken: Marketing & Vertrieb

Chancen +

- ❑ Bessere Auslastung der Produktionsanlagen
- ❑ Fixkostendegression

Risiken -

- ❑ Kosten der Markteinführung
- ❑ Schulung des Außendienstes
- ❑ Umbau der Unternehmensorganisation (Einführung Key-Account-Management)
- ❑ Abhängigkeit vom Handel

Folie 8

Fazit

- Eine horizontale Diversifikation ermöglicht es dem Unternehmen, die Wettbewerbsfähigkeit des Unternehmens zu erhöhen und neue Marktchancen zu nutzen
- Zu beachten sind die Kosten für das neue Personal sowie die Veränderung der Aufbau- und Ablauforganisation

Folie 9

Hinweis zur Darstellung der folgenden Musterprüfungen

Die Musterprüfungen 3, 4 und 5 werden ohne besondere Gestaltung dargestellt und platzsparend angeordnet. Selbstverständlich haben jedoch bei der Ausarbeitung Ihrer Präsentation alle Folien die gleiche Größe ,und Sie können sie nach den Anregungen, die die Musterprüfungen 1 und 2 geben, entsprechend visualisieren. Das ist sinnvoll, sollte aber nicht übertrieben werden, um keine „überladene" Präsentation abzuliefern.

Musterprüfung 3 Industriefachwirt/-in

Themenbereiche:

- Erweiterung des Vertriebsgebietes (Führung und Zusammenarbeit)
- Aufbau neuer Vertriebswege (Marketing & Vertrieb)

Problemstellung: Erweiterung des Vertriebsgebietes durch Handelsvertreter

Situationsbeschreibung: Ein mittelständisches Unternehmen der Glasindustrie hat die Glasprodukte für seine gewerblichen Kunden in Norddeutschland bisher ausschließlich über Außendienstmitarbeiter (Reisende) vertrieben. Im Rahmen der Verkaufsgebietserweiterung beabsichtigt das Management, neben den Außendienstmitarbeitern auch Handelsvertreter einzusetzen. Dieser Umstand führte unter den vorhandenen Außendienstmitarbeitern zu heftigen Diskussionen und ersten Kündigungen.

Nach meiner Weiterbildung habe ich die Stelle als Vertriebsleiter angetreten. Daher ist es meine Aufgabe, ein entsprechendes Lösungskonzept auszuarbeiten und der Geschäftsführung vorzustellen.

Beispiel Grobgliederung:

- Problemstellung: Rückgang bei Umsatz und Gewinn
- Zielsetzung: Umsatz- und Gewinnsteigerung, Durchführung von Mitarbeitergesprächen, Anwendung von Konfliktmanagement sowie weitere Maßnahmen zur Motivationssteigerung
- Chancen & Risiken
- Fazit/Handlungsempfehlungen

Form des Handouts: Wahlweise, siehe Beispiele Musterprüfung 1 und 2

Agenda

- Unternehmensvorstellung
- Problemstellung
- Zielsetzung
- Lösungsvorschlag: Führung & Zusammenarbeit
- Lösungsvorschlag: Marketing & Vertrieb
- Chancen/Risiken: Führung & Zusammenarbeit
- Chancen/Risiken: Marketing & Vertrieb
- Fazit

Folie 1

Unternehmensvorstellung

- Mittelständisches Unternehmen der Glasindustrie in Norddeutschland
- Gegründet 1992
- 114 Mitarbeiter
- Vertrieb an gewerbliche Kunden über Außendienst

Folie 2

Problemstellung

- **Umsatzrückgang** um 21.%
- **Gewinnrückgang** um 9.%
- Durch die geplante Erweiterung des Vertriebsgebietes mit **Handelsvertretern** und durch den bisherigen Umsatzverlust kommt es bei den vorhandenen Außendienstmitarbeitern zur **Fluktuation** sowie zu **Motivationsverlust**
- Durch diese Umstände leidet auch das **Betriebsklima** erheblich

Folie 3

Zielsetzung

- Motivationssteigerung der Außendienstmitarbeiter
- Verringerung der Fluktuation
- Verbesserung des Betriebsklimas
- Steigerung des Umsatzes durch Erweiterung des Verkaufsgebietes
- Zur Aufbereitung der neuen Märkte werden Handelsvertreter eingesetzt um möglichst schnelle Erfolge erzielen zu können

Folie 4

Lösungsvorschlag: Führung und Zusammenarbeit

- Durchführung von **Mitarbeitergesprächen**
- Anwendung von **Konfliktmanagement**

Steigerung der Motivation durch:

- sie Gewährung von **Fortbildungsprogrammen**
- Event-/Einkaufsgutscheine für besondere Leistungen
- Teamausflüge

Folie 5

Lösungsvorschlag: Marketing & Vertrieb

- Aufnahme von neuen Vertriebswegen (Baustoffgroßhandel und –einzelhandel bzw. Baumärkte)
- Da geeignetes Personal fehlt, sollen die Vertriebswege mit Handelsvertretern aufgebaut werden
- Diese sollen dann später ggf. durch eigenes Personal ersetzt werden

Folie 6

Chancen/Risiken: Führung und Zusammenarbeit

Chancen

- Höhere Motivation der Mitarbeiter
- Senkung der **Fluktuationsrate**
- Verbesserung des Betriebsklimas
- Erhaltung von vorhandenem Know-how

Risiken

- Fehlende Kenntnisse sowie mögliche Überlastung der Führungskräfte

Folie 7

Chancen und Risiken: Marketing und Vertrieb

Chancen

- Effektivere Bearbeitung des neuen Geschäftsfeldes durch bestehende Kontakte der Handelsvertreter
- Geringere Kosten
- Reduzierung des Flop-Risikos

Risiken

- Handelsvertreter stehen in Konkurrenz zu Außendienstmitarbeitern
- Unterschiedliche Verkaufsstrategien
- Wenig Einfluss auf die Handelsvertreter

Folie 8

Fazit

- Neue Märkte werden zunächst mit Handelsvertretern aufbereitet, um die Chancen des neuen Marktes auszuloten und die Risiken (z. B. Kosten) zu reduzieren
- Zu einem späteren Zeitpunkt können die Handelsvertreter durch eigene Außendienstmitarbeiter (Reisende) ersetzt werden

Folie 9

Musterprüfung 4 Industriefachwirt/-in

Themenbereiche:
- Wechsel von Stablinien- auf Matrixorganisation (Wissens- und Transfermanagement)
- Wechsel des Führungsstils (Führung und Zusammenarbeit)

Problemstellung: Hohe Fluktuationsrate durch autoritären Führungsstil

Situationsbeschreibung:
Eine Großbrauerei in der Nähe von Stuttgart mit 752 Mitarbeitern und 15 Auszubildenden wird bisher von den beiden Inhabern autoritär und in Form einer Stablinienorganisation geführt. Das große Wachstum des Unternehmens in den bisherigen Vertriebsgebieten in Deutschland und eine beabsichtigte Ausweitung auf Österreich und die Schweiz erfordern neben der Umstrukturierung der Unternehmensorganisation auch eine Veränderung des Führungsstils.
Meine Aufgabe als neuer Assistent der Geschäftsführung ist es, eine Lösung für die bestehenden Probleme zu erarbeiten.

Beispiel Grobgliederung:
- Problemstellung: Hohe Abstinenz- und Fluktuationsrate aufgrund des autoritären Führungsstils und der langen Informations-/Kommunikationswege in der vorhandenen Stablinienorganisation
- Zielsetzung: Umstellung von Stablinien- auf eine Matrixorganisation sowie Wechsel zum kooperativen Führungsstil
- Chancen & Risiken
- Fazit/Handlungsempfehlungen

Form des Handouts: Wahlweise, siehe Beispiele Musterprüfung 1 und 2

Agenda

- Unternehmensvorstellung
- Problemstellung
- Zielsetzung
- Lösungsvorschlag Wissens- und Transfermanagement
- Lösungsvorschlag Führung & Zusammenarbeit
- Chancen/Risiken: Wissens- und Transfermanagement
- Chancen/Risiken: Führung & Zusammenarbeit
- Fazit

Folie 1

Unternehmensvorstellung

- Großbrauerei in Stuttgart
- 752 kaufmännische und gewerbliche Mitarbeiter, 15 Auszubildende
- Produktpalette besteht aus Bier und Bier-Mixgetränken

Folie 2

Problemstellung

- Bisheriger **autoritärer Führungsstil** führt zu immer höherer **Abstinenz**- und **Fluktuationsrate**
- Führungskräfte sind überlastet
- **Kommunikations- und Informationswege** sind durch vorhandene **Stablinienorganisation** zu lang
- Dies führt in den **Schnittstellen** (Stäbe/Belegschaft) zu **Konflikten**

Folie 3

Zielsetzung

- Umstellung von **Stablinien**- auf **Matrixorganisation**
- Anpassung der Aufbau- und Ablauforganisation
- Umstellung von **autoritärem** auf **kooperativen Führungsstil**

Folie 4

Lösungsvorschlag Wissens- und Transfermanagement

- Neustrukturierung der 4 **Phasen** der **Aufbauorganisation**
- Bildung von **Stellen** und **Abteilungen**
- Anpassung der **Stellenbeschreibungen**
- Änderung des **Weisungssystems** (von **Stablinien**- auf **Matrixorganisation**)

Folie 5

Lösungsvorschlag Führung und Zusammenarbeit

- Änderung des **Führungsstils**
- Verstärkte Einbindung der Belegschaft in Entscheidungsprozesse
- **Delegation** von Aufgaben an die Mitarbeiter mithilfe von **Management-by-Techniken**

Folie 6

Chancen/Risiken: Wissensmanagement

Chancen

- Höhere **Motivation** und **Leistungsbereitschaft** der Mitarbeiter
- Effektivere **Prozessbearbeitung**
- Effektivere **Kommunikation** und **Information**
- Zielgerichtetere **Kundenbetreuung**

Risiken

- **Kosten** und **Zeit**aufwand
- Ältere Mitarbeiter nehmen die **Umstellung** nicht an
- Mitarbeiter akzeptieren neue Führungskräfte nicht

Folie 7

Chancen/Risiken: Führung und Zusammenarbeit

Chancen

- Mitarbeiter werden an **Entscheidungsprozessen** beteiligt
- **Know-how** der Mitarbeiter kann besser genutzt werden
- Führungskräfte können sich auf wichtige Aufgaben konzentrieren
- **Wettbewerbsfähigkeit** des Unternehmens wird gesteigert

Risiken

- Führungskräfte können neuen Führungsstil nicht umsetzen
- Es kommt zu **Anfangsschwierigkeiten** bei der Einführung des neuen Führungsstils (**Change-Management**)
- Belegschaft misstraut den bisherigen Führungskräften beim Wechsel des **Führungsstils**

Folie 8

Fazit

- Die **Organisation** und der **Führungsstil** werden entsprechend den beiden Lösungsvorschlägen umgesetzt
- Dabei sind jedoch die genannten Risiken gerade in der **Einführungsphase** zu beachten
- Eine enge und vertrauensvolle **Kommunikation** zwischen Führungskräften und Belegschaft kann zu einer erfolgreichen **Umsetzung** führen

Folie 9

Musterprüfung 5 Industriefachwirt/-in

Themenbereiche:
- Expansion auf dem asiatischen Markt (Marketing & Vertrieb)
- Beschaffung von frischem Kapital durch Komplementär (Finanzwirtschaft im Industrieunternehmen)

Problemstellung: Expansion auf dem chinesischen Markt

Situationsbeschreibung:
Ein Metall verarbeitendes Industrieunternehmen aus Ostdeutschland will aufgrund der neuen Marktanforderungen seinen Absatzmarkt auf den asiatischen und hier insbesondere auf den chinesischen Markt expandieren. Dies soll entweder durch Auslandskommissionäre oder durch den Aufbau eigener Niederlassungen in China geschehen. Dabei ist nicht nur die finanzielle, sondern auch die interkulturelle Marktsituation in China zu berücksichtigen.
Ich als neuer Vertriebsleiter für Asien soll nun in diesem Zusammenhang ein Gesamtkonzept erarbeiten, das das Für und Wider beider Möglichkeiten darstellt.

Beispiel Grobgliederung:
- Problemstellung: Expansion auf dem chinesischen Markt durch Auslandskommissionäre oder eigene Niederlassungen
- Zielsetzung: Darstellung von verschiedenen Vertriebsstrategien und Finanzierungsmöglichkeiten
- Chancen und Risiken
- Fazit/Handlungsempfehlungen

Form des Handouts: Wahlweise, siehe Beispiele Musterprüfung 1 und 2

Agenda

- Unternehmensvorstellung
- Problemstellung
- Zielsetzung
- Lösungsvorschlag Marketing & Vertrieb
- Lösungsvorschlag Finanzwirtschaft
- Chancen und Risiken Marketing & Vertrieb
- Chancen und Risiken Finanziertwirt
- Fazit

Folie 1

Unternehmensvorstellung

- Industrieunternehmen der Metallverarbeitung
- Gesellschaftsform: KG
- Sitz in Leipzig
- 1.514 Mitarbeiter, 54 Auszubildende
- Bisheriges Vertriebsgebiet D-A-CH im Direktvertrieb (eigene Niederlassungen)

Folie 2

Problemstellung

- Das Unternehmen will auf dem stark wachsenden chinesischen Markt expandieren
- Es ist zu entscheiden, ob dies in Form von eigenen Niederlassungen oder mithilfe von **Auslandskommissionären** erfolgen soll
- Da die vorhandende Liquidität für neue Niederlassungen nicht ausreicht, müsste das Kapital durch **Außenfinanzierung** beschafft werden

Folie 3

Zielsetzung

- Analyse der Chancen/Risiken der verschiedenen **Vertriebsstrategien** (eigene Niederlassungen/ Auslands-Kommissionäre)
- Analyse der verschiedenen Möglichkeiten der **Außenfinanzierung** beim Aufbau von eigenen Niederlassungen in China

Folie 4

Lösungsvorschlag
Marketing & Vertrieb

- Der Aufbau des Marktes in China soll entweder durch eine **eigene Niederlassung** oder durch einen **ausländischen Kommissionär** erfolgen
- Da auf diesem Markt bisher keine Erfahrungen vorliegen, geht das Unternehmen von einer entsprechend langen Anlaufphase aus

Folie 5

Lösungsvorschlag
Finanzwirtschaft im Industriebetrieb

- Aufnahme eines neuen **Komplementärs**
- Bei vorhandener Vertriebs-/Auslandserfahrung in Asien wäre dieser an der **Geschäftsführung** zu beteiligen
- Alternativ wären andere Formen der **Außenfinanzierung** (**Kommanditist**, **stiller Teilhaber**) zu wählen

Folie 6

Chancen und Risiken: Eigene Niederlassung

Chancen
- Höhere Loyalität
- Bessere Steuerung und Kontrolle
- Direkter Kontakt zum Kunden

Risiken
- Hohe Anfangsinvestitionen erforderlich
- Lange Anlaufzeit durch fehlende Marktkenntnisse
- Langwierige und schwierige Personalsuche

Folie 7

Chancen und Risiken: Aufnahme Komplementär

Chancen

- Höhere **Liquidität**
- Verbesserte **Bonität** durch Vollhafter
- Neuer **Wissenstransfer** durch neuen Komplementär

Risiken

- **Uneinheitliche Geschäftsführung**
- Entscheidungswege werden länger
- Einfluss des neuen Komplementärs auf die **Geschäftspolitik** (Risiko entfällt bei **stiller Beteiligung**)

Folie 8

Fazit

- Wir entscheiden uns für den Auslandskommissionär, da in diesem Fall die Markterweiterung schneller und kostengünstiger realisiert werden kann
- Das notwendige Kapital wird durch einen Komplementär aufgebracht, bei vorhandener Erfahrung soll er mit an der Geschäftsführung beteiligt werden

Folie 9

8.4 Beispiele Musterprüfungen Immobilienfachwirt/-in

	Problemstellung	Themenbereiche
Prüfung Immobilien-fachwirt 1	• Stagnierende Umsätze im Geschäftsfeld WEG • Steigender Betreuungsaufwand der Wohnungseigentümer	• Ausweitung des Dienstleistungsportfolios • Nutzung von Synergieeffekten • Gewinnung neuer Zielgruppen
	(Handout als Text des Foliensatzes, Präsentation gestaltet)	
Prüfung Immobilien-fachwirt 2	• Einführung neuer Geschäftsfelder bei einer Dachmarkenstrategie • Imageprobleme in einem Geschäftsfeld • Umstellung von Dach- auf Familienmarke	• Keine Übertragung von Negativimages auf andere Geschäftsfelder • Stärkung der Kernkompetenzen einzelner Geschäftsfelder • Vermeidung von Markenverwässerung
	(Handout als Text des Foliensatzes, Präsentation gestaltet)	
Prüfung Immobilien-fachwirt 3	• Großsiedlungsprobleme in einer Metropolregion • Zunehmender Leerstand	• Strukturelle Umwandlungen • Schaffung von Attraktivität für die Bewohner • Schaffung von Sicherheit • Städtebauförderung
Prüfung Immobilien-fachwirt 4	• Steigende Miet-/ Wohngeldausfälle • Rückgang des Verwalterentgelts	• Sichere Mietzinsen • Langfristige Vermietungen • Gesicherte Umsätze
Prüfung Immobilien-fachwirt 5	• Starker Umsatzrückgang • Unzufriedene Kunden	• Verbesserung der Kundenzufriedenheit durch CRM • Verkürzte Bearbeitungszeit durch Bonitätscheck • Imageverbesserung

Hinweis

Beim Immobilienfachwirt wählt der Prüfling ein Thema aus, das sich auf alle sechs Handlungsbereiche beziehen kann, die die Prüfungsverordnung aufführt (vgl. Abschnitt 5.3 in diesem Buch). Da keine bestimmte Auswahl oder Kombination von Bereichen gefordert ist, muss der Handlungsbereich nicht angegeben werden. Zugleich ist das Fachgespräch anspruchsvoll, weil „über das für die Präsentation gewählte Thema hinaus ... sich das Fachgespräch auch auf alle übrigen Handlungsbereiche ... beziehen (kann)". (Auszug aus der Prüfungsverordnung)

Musterprüfung 1 Immobilienfachwirt/-in

Themenbereiche:

- Ausweitung des Dienstleistungsportfolios
- Nutzung von Synergieeffekten
- Gewinnung neuer Zielgruppen

Problemstellung:

- Stagnierende Umsätze im Geschäftsfeld WEG
- Steigender Betreuungsaufwand der Wohnungseigentümer

Situationsbeschreibung:
Eine WEG-Verwaltung verzeichnet stagnierende Umsätze bei gleichzeitig steigendem Betreuungsaufwand der Wohnungseigentümer, womit auch die Verwaltungskosten steigen. Das Unternehmen plant daraufhin die Ausweitung des Dienstleistungsportfolios durch zusätzlichen Verkauf von Immobilien, die überwiegend aus dem Verwaltungsbestand rekrutiert werden sollen. Zugleich sollen Synergieeffekte genutzt werden.

Beispiel Grobgliederung:

- Unternehmensvorstellung
- Problemstellung
- Ziele
- Chancen
- Risiken
- Fazit

Form des Handouts: Verkleinerter Ausdruck der Präsentationsfolien

Agenda

① Unternehmensvorstellung
② Problemstellung
③ Ziele
④ Chancen
⑤ Risiken
⑥ Fazit

Folie 1

Unternehmensvorstellung

- Traditionsunternehmen in der Immobilienbranche
- Bisheriger Dienstleistungsbereich: **Verwaltung** von **Wohnungseigentümergemeinschaften** (überwiegend 8 bis 15 Wohneinheiten)
- 4 Festangestellte
- Langjährige Betreuung der im Bestand befindlichen Wohnungseigentumsanlagen

Folie 2

Problemstellung

Im Bereich der WEG-Verwaltung finden wir aktuell folgende Situation vor:

- Umsätze stagnieren in den letzten Jahren, da kaum Erhöhungen der Verwalterentgelte aufgrund der Konkurrenzsituation möglich waren
- Durch verstärkte Nutzung des Internets (E-Mail-Verkehr) steigt der Betreuungsaufwand der Wohnungseigentümer in den einzelnen Wohnungseigentümergemeinschaften
- Gleichzeitig steigen damit auch die Verwaltungskosten aufgrund erhöhter Personal- und Sachkosten

Folie 3

Ziele

- Ausweitung des **Dienstleistungsportfolios** durch zusätzlichen **Verkauf** von Immobilien (**horizontale Diversifikation**)
- Diese sollen überwiegend aus dem **Verwaltungsbestand** rekrutiert werden
- Durch das **breitere Dienstleistungsportfolio** kommt es zur Gewinnung **neuer Zielgruppen**
- Nutzung von Synergieeffekten

Folie 4

Chancen

- **Customer-Lifetime-Value** steigern
- Aus der **Verwaltung** von Eigentümergemeinschaften entstehen **Wohnungsverkäufe** (**kostengünstige Neuakquise**)
- Gewinnung neuer **Zielgruppen** (**Immobilienkäufer**)
- Reduzierung der **Fixkosten** bei Personal und Sachkosten (**Fixkostendegression**)
- **Risikostreuung** durch zweites Geschäftsfeld

Folie 5

Risiken

- **USP** wird verwässert (vorher nur als Verwalter bekannt) – Kunden nehmen das Traditionsunternehmen nicht als Immobilienmakler (Verkäufer) wahr
- **Zusatzkosten** (Vertrieb) entstehen
- Mitarbeiter benötigen zusätzliches **Know-how (Schulungsbedarf)**

Folie 6

Fazit

- Immobilienverkauf wird eingeführt, da das zusätzliche Geschäftsfeld dem Unternehmen eine erhöhte **Wettbewerbsfähigkeit** ermöglicht
- Der Kunde bekommt ein **„Rundum-sorglos-Paket"**
- Personal kann effektiver eingesetzt werden

Folie 7

Handout (verkleinerte Folienpräsentation)

Agenda

① Unternehmensvorstellung
② Problemstellung
③ Ziele
④ Chancen
⑤ Risiken
⑥ Fazit

Folie 1

Problemstellung

Im Bereich der WEG-Verwaltung finden wir aktuell folgende Situation vor:

- Umsätze stagnieren in den letzten Jahren da kaum Erhöhungen der Verwalterentgelte auf der Konkurrenzsituation möglich waren
- Durch verstärkte Nutzung des Internets (E-Mail-Verkehr) steigt der Betreuungsaufwand der Wohnungseigentümer in den einzelnen Wohnungseigentümergemeinschaften
- Gleichzeitig steigen damit auch die Verwaltungskosten aufgrund erhöhter Personal- und Sachkostenkosten

Folie 3

Unternehmensvorstellung

- Traditionsunternehmen in der Immobilienbranche
- Bisheriger Dienstleistungsbereich: **Verwaltung** von **Wohnungseigentümergemeinschaften** (überwiegend 8 bis 15 Wohneinheiten)
- 4 Festangestellte
- Langjährige Betreuung der im Bestand befindlichen Wohnungseigentumsanlagen

Folie 2

Ziele

- Ausweitung des **Dienstleistungsportfolios** durch zusätzlichen **Verkauf** von Immobilien (**horizontale Diversifikation**)
- Diese sollen überwiegend aus dem **Verwaltungsbestand** rekrutiert werden
- Durch das **breitere Dienstleistungsportfolio** kommt es zur Gewinnung **neuer Zielgruppen**
- Nutzung von Synergieeffekten

Folie 4

Chancen

- **Customer-Lifetime-Value** steigern
- Aus der **Verwaltung** von Eigentümergemeinschaften entstehen **Wohnungsverkäufe** (**kostengünstige Neuakquise**)
- Gewinnung neuer **Zielgruppen** (**Immobilienkäufer**)
- Reduzierung der **Fixkosten** bei Personal und Sachkosten (**Fixkostendegression**)
- **Risikostreuung** durch zweites Geschäftsfeld

Folie 5

Fazit

Immobilienverkauf wird eingeführt, da das zusätzliche Geschäftsfeld dem Unternehmen eine erhöhte **Wettbewerbsfähigkeit** ermöglicht

- Der Kunde bekommt ein **„Rundum-sorglos-Paket"**
- Personal kann effektiver eingesetzt werden

Folie 7

Risiken

- **USP** wird verwässert (vorher nur als Verwalter bekannt) – Kunden nehmen das Traditionsunternehmen nicht als Immobilienmakler (Verkäufer) wahr
- **Zusatzkosten** (Vertrieb) entstehen
- Mitarbeiter benötigen zusätzliches **Know-how (Schulungsbedarf)**

Folie 6

Musterprüfung 2 Immobilienfachwirt/-in

Themenbereiche:
- Keine Übertragung von Negativimages auf andere Geschäftsfelder
- Stärkung der Kernkompetenzen einzelner Geschäftsfelder
- Vermeidung von Markenverwässerung

Problemstellung:
- Einführung neuer Geschäftsfelder bei einer Dachmarkenstrategie
- Imageprobleme in einem Geschäftsfeld
- Umstellung von Dach- auf Familienmarke

Situationsbeschreibung:
Ein bekanntes Unternehmen der Immobilienbranche hat zunehmend mehr Geschäftsfelder eingeführt, die es unter einer Dachmarke führt. In einem Geschäftsfeld trat ein Imageproblem auf. Die Kunden übertragen dieses Imageproblem auf andere Geschäftsfelder, in denen die Umsätze nun daraufhin rückläufig sind.

Beispiel Grobgliederung:
- Unternehmensvorstellung
- Problemstellung
- Zielsetzung
- Chancen
- Risiken
- Fazit

Form des Handouts: Zusammenfassung auf einem Blatt

Agenda

- ❑ Unternehmensvorstellung
- ❑ Problemstellung
- ❑ Zielsetzung
- ❑ Chancen
- ❑ Risiken
- ❑ Fazit

Folie 1

Unternehmensvorstellung

- Bekanntes Unternehmen in der Immobilienbranche
- Bisherige Dienstleistungsbereiche:
  Immobilienverkauf, -bewertung, -rückbau, -vermietung, -fonds
- 48 Festangestellte
- Kaum Stammkunden

Folie 2

Problemstellung

- In den letzten Jahren hat das Unternehmen immer mehr neue Geschäftsfelder eingeführt.
- Dabei hat das Unternehmen bisher für alle Immobilienbereiche eine Marke (**Dachmarke**) verwendet (X-Immobilienverkauf, Y-Fonds, Z-Rückbau usw.).
- Im letzten Jahr hat es in einem Geschäftsfeld ein Imageproblem gegeben.
- Durch das Feedback vieler Kunden hat die Geschäftsleitung festgestellt, dass dieses Imageproblem sich auch auf andere Geschäftsfelder übertragen hat. sodass es auch hier zu massiven Umsatzrückgängen gekommen ist.

Folie 3

Zielsetzung

- Aus diesem Grund überlegt das Management, statt der bisherigen Dachmarkenstrategie eine Familienmarkenstrategie einzuführen.

Dadurch sollen

- die Kernkompetenzen der jeweiligen Geschäftsbereiche (USP) gestärkt werden,
- die Markenverwässerung vermieden werden,
- die Übertragung des Negativimages auf andere Geschäftsbereiche vermieden werden,

Folie 4

Chancen/Familienmarke (Dienstleistungsgruppenstrategie)

- Herausstellung der **Kernkompetenz** der jeweiligen Markenfamilie
- Bei negativen **Marktreaktionen** keine Auswirkung auf alle Dienstleistungsbereiche
- Jeder Dienstleistungsbereich hat seine eigenen Marketingkampagnen (**keine Abstimmungsprobleme**)
- Keine **Markenverwässerung** durch die unterschiedlichen Dienstleistungsbereiche

Folie 5

Risiken/Familienmarke (Dienstleistungsgruppenstrategie)

- Hoher Kostenaufwand durch verschiedene **Marketingstrategien** je Markenfamilie
- Bei Einführung von neuen DL-Bereichen entsteht eine **längere Einführungszeit**
- Kaum **Synergien** zwischen den Familienmarken möglich
- Höheres **Flop-Risiko** als bei Dachmarkenstrategie

Folie 6

Fazit

- Je heterogener die Dienstleistungspalette eines Immobilienunternehmens (z. B. Verkauf von hochwertigen Immobilien wie etwa Schlössern) und Projektierung (z. B. Großprojekt, wie etwa der Bau von Gefängnissen), desto sinnvoller erscheint die Einführung einer **Familienstrategie** (**Dienstleistungsgruppenstrategie**)

Folie 7

Handout Prüfung Immobilienfachwirt/-in:
Wechsel der Markenstrategie (Familienmarke anstelle Dachmarke)

Unternehmensvorstellung
- Bekanntes Unternehmen in der Immobilienbranche
- Bisherige Dienstleistungsbereiche: Immobilienverkauf, -bewertung, -rückbau, -vermietung, -fonds
- 48 Festangestellte
- Kaum Stammkunden

Problemstellung
- Das Unternehmen hat immer mehr neue Geschäftsfelder eingeführt.
- Dabei hat das Unternehmen bisher für alle Immobilienbereiche eine Marke (Dachmarke) verwendet (X-Immobilienverkauf, Y-Fond, Z-Rückbau usw.).
- Im letzten Jahr hat es in einem Geschäftsfeld ein Imageproblem gegeben.
- Durch Feedback vieler Kunden hat die Geschäftsleitung festgestellt, dass dieses Imageproblem sich auch auf alle anderen Geschäftsfelder übertragen hat.

Zielsetzung
- Aus diesem Grund überlegt das Management, statt der bisherigen Dachmarkenstrategie eine Familienmarkenstrategie einzuführen.

Dadurch sollen die
- Kernkompetenzen der jeweiligen Geschäftsbereiche (USP) gestärkt werden,
- Markenverwässerung vermieden werden,
- Übertragung des Negativimages auf andere Bereiche vermieden werden.

Chancen/Familienmarke (Dienstleistungsgruppenstrategie)
- Herausstellung der jeweiligen Kernkompetenz der Markenfamilie
- Bei negativen Marktreaktionen keine Auswirkung auf alle Dienstleistungsbereiche
- Jeder Dienstleistungsbereich hat seine eigenen Marketingkampagnen (keine Abstimmungsprobleme)
- Keine Markenverwässerung innerhalb der Markenfamilie

Risiken/Familienmarke (Dienstleistungsgruppenstrategie)
- Hoher Kostenaufwand durch verschiedene Marketingstrategien je Markenfamilie
- Bei Einführung von neuen DL-Bereichen entsteht eine längere Einführungszeit
- Keine Synergien zwischen den Familienmarken möglich
- Höheres Flop-Risiko als bei Dachmarkenstrategie

Fazit
Je heterogener die Dienstleistungspalette eines Immobilienunternehmens (z. B. Verkauf von hochwertigen Immobilien (wie Schlössern) und Projektierung (z. B. Bau von Gefängnissen), desto sinnvoller erscheint die Einführung einer Familienstrategie (Dienstleistungsgruppenstrategie)

Hinweis zur Darstellung der folgenden Musterprüfungen

Die Musterprüfungen 3, 4 und 5 werden ohne Gestaltung dargestellt und platzsparend angeordnet. Selbstverständlich haben jedoch bei der Ausarbeitung Ihrer Präsentation alle Folien die gleiche Größe. und Sie sollten sie visualisieren. Das ist sinnvoll, aber ohne zu übertreiben (keine „überladene" Präsentation).

Musterprüfung 3 Immobilienfachwirt/-in

Themenbereiche:

- Strukturelle Umwandlungen
- Schaffung von Attraktivität für die Bewohner
- Schaffung von Sicherheit
- Städtebauförderung

Problemstellung:

- Großsiedlungsprobleme in einer Metropolregion
- Zunehmender Leerstand

Situationsbeschreibung:

Ein großes Immobilienunternehmen verwaltet und vermietet in einer Großstadt in Nordrhein-Westfalen Wohnungen in Zinshäusern, die überwiegend in Großsiedlungen liegen. In den letzten zwei Jahren ist es in der betreffenden Großstadt mit mehreren Großsiedlungen verstärkt zu größeren Leerständen gekommen. Das Immobilienunternehmen plant Maßnahmen zusammen mit der kommunalen Verwaltung, um dem Leerstand im Interesse seiner Eigentümer entgegenzuwirken.

Beispiel Grobgliederung:

- Unternehmensvorstellung
- Problemstellung: Leerstand Großsiedlung
- Definition Großsiedlung
- Ursachen
- Lösungsvorschläge
- Fazit

Form des Handouts: Wahlweise Zusammenfassung oder verkleinerter Ausdruck der Folien, siehe Musterprüfungen 1 und 2

Agenda

- Unternehmensvorstellung
- Problemstellung: Leerstand Großsiedlung
- Definition Großsiedlung
- Ursachen
- Lösungsvorschläge
- Fazit

Folie 1

Unternehmensvorstellung

- Großes Immobilienunternehmen in einer Großstadt in Nordrhein-Westfalen
- Bisheriger Dienstleistungsbereich: Verwaltung und Vermietung von Wohnungen in Zinshäusern überwiegend in Großsiedlungen
- 79 Festangestellte
- Stammkunden (langjährige Zinshauseigentümer)

Folie 2

Problemstellung: Leerstand Großsiedlung

- In den letzten zwei Jahren ist es in einer **Großstadt** in **Nordrhein-Westfalen** mit mehreren Großsiedlungen verstärkt zu größeren Leerständen gekommen. Durch verschiedene Maßnahmen will das Unternehmen mit der **kommunalen Verwaltung** für seine **Eigentümer** dem entgegenwirken

Folie 3

Definition Großsiedlung

- Große Wohnungsquartiere in Städten, die zumeist Geschosswohnbauten aufweisen und in ihrem Umfang kurzfristig entstanden sind (beispielsweise Plattenbauten)
- Funktional eigenständige Siedlungseinheit
- Dichte, hochgeschossige und relativ gleichartige Bebauung
- Mindestens 1.000 WE
- Überwiegend sozialer Wohnungsbau

Folie 4

Ursachen

- Fehlende Integration in das jeweilige Stadtbild und -leben
- Gettoisierung
- Fehlende Identifikation der Bewohner mit ihrer Siedlung
- Vandalismus, Unsicherheit
- Gefahr der Verwahrlosung der Wohnimmobilie
- Geringes Arbeitseinkommen

Folie 5

Lösungsvorschläge

- Strukturelle Umwandlungen durch Verkleinerung der Großsiedlung (Rückbau)
- Schaffung von Sicherheit durch Sicherheitsdienste
- Attraktivität schaffen durch Zuzug anderer sozialer Schichten (Durchmischung)
- Städtebauförderungsprogramme
- Verstärkung von Freizeit- u. Bildungsangeboten
- Schaffung von Perspektiven bei der Wohnbevölkerung

Folie 6

Fazit

- Viele Großsiedlungen (klassisch in den 1960er-Jahren entstanden) müssen mehr und mehr an die heutigen wohnkulturellen Ansprüche angepasst werden
- Zusätzlich ist auf eine vernünftige Durchmischung aller sozialen Schichten zu achten

Folie 7

Musterprüfung 4 Immobilienfachwirt/-in

Themenbereiche:
- Sichere Mietzinsen
- Langfristige Vermietungen
- Gesicherte Umsätze

Problemstellung:
- Steigende Miet-/ Wohngeldausfälle
- Rückgang des Verwalterentgelts

Situationsbeschreibung:
Ein kleines Immobilienunternehmen in einer Kleinstadt (in Mecklenburg-Vorpommern) ist primär in der Verwaltung von kleinen Wohneigentumsanlagen und der Vermietung von Wohnungen tätig. Der Einzugsbereich umfasst das Stadtgebiet und die ländliche Umgebung. Seit zwei Jahren gibt es einen steigenden Trend von Mietausfällen und Wohngeldausfällen bei Eigentümern. Da das Verwaltungsgeld an die Bruttoeinnahmen gekoppelt ist, verzeichnet das Unternehmen Umsatzrückgänge. Es sollen Maßnahmen eingeleitet werden, die dem entgegenwirken.

Beispiel Grobgliederung:
1 Unternehmensvorstellung
2 Problemstellung
3 Ursachen
4 Ziele
5 Maßnahmen
6 Chancen
7 Risiken
8 Fazit

Form des Handouts: Wahlweise Zusammenfassung oder verkleinerter Ausdruck der Folien, siehe Musterprüfungen 1 und 2

Agenda

- 1 Unternehmensvorstellung
- 2 Problemstellung
- 3 Ursachen
- 4 Ziele
- 5 Maßnahmen
- 6 Chancen
- 7 Risiken
- 8 Fazit

Folie 1

Unternehmensvorstellung

- Kleines Immobilienunternehmen in einer Kleinstadt in Mecklenburg-Vorpommern
- Bisheriger Dienstleistungsbereich: Verwaltung kleiner Wohnungseigentumsanlagen, Vermietung von Wohnungen in der Stadt und Umgebung
- 3 Festangestellte
- Langjährige Eigentümer im Segment Wohnungseigentumsverwaltung und Vermietung

Folie 2

Problemstellung

- In den letzten zwei Jahren ist es in der Kleinstadt und der ländlichen Umgebung immer häufiger zu Wohngeld- und Mietausfällen bei Eigentümern und Mietern gekommen.
- Da das Verwalterentgelt an die Bruttomieteinahmen gekoppelt ist, hat das Unternehmen entsprechende Umsatzrückgänge zu verzeichnen.
- Diesem Trend will das Management durch verschiedene Maßnahmen entgegenwirken.

Folie 3

Ursachen

- Zunehmende Arbeitslosigkeit
- Demografischer Wandel
- Geringes Arbeitseinkommen
- Hohe Mieten
- Schlechter werdende Infrastruktur (z. B. ÖVP wird zurückgefahren, im ländlichen Bereich schließen immer mehr Läden usw.)

Folie 4

Ziele

- Sichere Wohngeld- und Mietzahlungen
- Langfristige Vermietungen
- Gesicherte Umsätze
- Existenzsicherung des Unternehmens

Folie 5

Maßnahmen

- Umfassende Mieter- und Eigentümerdatei (CRM)
- Professionelle Bonitätsprüfung
- Unverzügliche Einleitung außergerichtlicher und gerichtlicher Maßnahmen
- Keine Maklerprovision
- Kaution auf sechs Monate verteilt
- Drei Monate mietfreies Wohnen
- Bessere Ausstattung (Bad/Küche)
- Kostenloser Stellplatz
- Kostenlose Kinderbetreuung

Folie 6

Chancen

- Reduzierung des Wohngeld- und Mietausfalls
- Sicherung der Mieteinnahmen
- Reduzierung des Zeit- und Kostenaufwands
- Imagesteigerung
- Erhöhung des Bekanntheitsgrades
- Empfehlungsmarketing

Folie 7

Risiken

- Hohe Kosten
- Zeitaufwand
- Verstoß gegen gesetzliche Datenschutzauflagen
- Kein direkter Einfluss auf den Erfolg der Zusatzleistungen
- Die Kernkompetenz könnte verloren gehen

Folie 8

Fazit

In Wohnquartieren insbesondere mit sozial schwächeren Mietparteien ist ein Immobilienunternehmen zum Schutz der Eigentümer (Kunden) verstärkt verpflichtet, die Zahlungsfähigkeit der Mieter kontinuierlich zu überprüfen und gegebenenfalls unverzüglich alle gesetzlichen Möglichkeiten der Mietzahlung auszuschöpfen

Folie 9

Musterprüfung 5 Immobilienfachwirt/-in

Themenbereiche:
- Verbesserung der Kundenzufriedenheit durch CRM
- Verkürzte Bearbeitungszeit durch Bonitätscheck
- Imageverbesserung

Problemstellung:
- Starker Umsatzrückgang
- Unzufriedene Kunden

Situationsbeschreibung:
Ein freier Immobilienfinanzdienstleister bedient die Bereiche Finanzierung von Immobilien und Fonds. Entgegen einem steigenden Branchentrend verzeichnete er im zurückliegenden Jahr hohe Umsatzrückgänge bei der Immobilienfinanzierung. Umfragen haben zudem ergeben, dass die Kundenzufriedenheit stetig zurückgeht. Die Firma möchte Maßnahmen ergreifen, um diesen Trends entgegenzuwirken.

Beispiel Grobgliederung:

1 Unternehmensvorstellung
2 Problemstellung
3 Definition Kundenzufriedenheit
4 Ursachen
5 Ziele
6 Maßnahmen
7 Fazit

Form des Handouts: Gestraffter Text des Foliensatzes oder verkleinerter Folieausdruck

Agenda

1 Unternehmensvorstellung
2 Problemstellung
3 Definition Kundenzufriedenheit
4 Ursachen
5 Ziele
6 Maßnahmen
7 Fazit

Folie 1

Unternehmensvorstellung

- Freier Immobilienfinanzdienstleister
- Bisherige Dienstleistungsbereiche: Finanzierung von Immobilien und Fonds
- 5 Festangestellte und 23 freiberufliche Mitarbeiter/-innen

Folie 2

Problemstellung

- Im letzten Jahr ist der Umsatz im Bereich der Immobilienfinanzierung um 19 % zurückgegangen, während die Mitbewerber im gleichen Zeitraum ca. 15 % mehr Umsatz generierten.
- In diesem Zusammenhang hat die Geschäftsleitung durch zwei Kundenbefragungen festgestellt, dass die Kundenzufriedenheit kontinuierlich zurückgegangen ist.
- Durch geeignete Maßnahmen will man diesem Trend entgegenwirken.

Folie 3

Definition: Kundenzufriedenheit

Kundenzufriedenheit wird in diesem Zusammenhang direkt und eindeutig verstanden. Sie bedeutet,

- dass ein Kunde mit den gegebenen Leistungen des Finanzierungsinstituts zufrieden ist (und sich auf Befragen entsprechend äußert) und
- nichts an den Dienstleistungen auszusetzen hat (und bei Befragen keine Kritik äußert).

Folie 4

Ursachen

Die Kundenbefragungen legen folgende Kritikpunkte offen:

- Lange Bearbeitungszeiten
- Unfreundliche Mitarbeiter/-innen
- Nicht marktgerechte Konditionen

Folie 5

Ziele

- Verbesserung der Kundenzufriedenheit
- Verkürzung der Bearbeitungszeit von Hypothekenkrediten
- Imageverbesserung
- Umsatzsteigerung

Folie 6

Maßnahmen

- Aufbau eines Customer-Relationschip-Management-Systems (CRM)
- Bonitätsschnellcheck der Kreditkunden
- Schnellere Hypothekenkreditbearbeitung
- Mitarbeiterschulungen

Folie 7

Fazit

- In einem Käufermarkt muss ein Unternehmen der Kundenzufriedenheit einen hohen Stellenwert beimessen, um sich nicht einem ruinösen Preiswettbewerb aussetzen zu müssen.
- Mit zunehmender Kundenzufriedenheit steigt die Kundenloyalität gegenüber dem Unternehmen und es entsteht eine Verbundenheit zwischen Unternehmen und Kunden.

Folie 8

8.5 Zusammenfassung: Schnellhilfe zur Foliengestaltung

Bevor Sie nun daran gehen Ihre eigene Präsentation auszuarbeiten, schauen Sie sich die folgende Schnellhilfe an, in der Sie das Wesentliche nochmals zusammengefasst finden.

Schnellhilfe zur Foliengestaltung

- Dieses kurze Beispiel soll Sie bei der Erstellung Ihrer Präsentation unterstützen – ohne dabei den Anspruch zu erheben, vollständig zu sein.
- Bitte beachten Sie außerdem die im Verlaufe des Buches gegebenen Hinweise zur Foliengestaltung sowie zum Medieneinsatz und dem Verhalten/Auftreten während der Präsentation.
- In der Regel haben Sie eine Präsentationsdauer von ca. 10 Minuten – daher ist die empfohlene Zeit pro Folie dargestellt (hinzu kommten die Zeit zur Erläuterung der Agenda und der Ausstieg aus der Präsentation)
- Achten Sie bereits beim Üben darauf, dann wird es Ihnen in der Prüfung leichter fallen.

Ablauf der Foliengestaltung

- Nachdem Sie Ihre Situationsbeschreibung erstellt haben, gliedern Sie den Ablauf prinzipiell in folgende Punkte, die thematisch variiert werden können (wie die Beispiele im Einzelnen zeigen):
  1. Agenda
  2. Unternehmensvorstellung
  3. Problemstellung/Ist-Situation
  4. Lösungsansatz aus Handlungsbereich 1
  5. Chancen/Risiken zu 4.
  6. Lösungsansatz aus Handlungsbereich 2
  7. Chancen/Risiken zu 5.
  8. Fazit

Folie 1: Agenda

Die Agenda ist entweder die erste Folie oder steht extra auf einem Flipchart (dann verschiebt sich die Nummerierung der Folien entsprechend)

Folie 2: Unternehmensvorstellung **ca. 1 Min.**

- Nennen und beschreiben Sie das Unternehmen.
- Lesen Sie nicht die Stichpunkte vor, sondern beschreiben Sie mit Ihren eigen Worten:
  - Was ist der USP des Unternehmens?
  - Wie kam der Gründer auf die Idee, dieses Unternehmen zu gründen?
  - Was gibt es sonst spannendes zu berichten?
  - Aus welcher Position heraus berichten Sie?

Folie 3: Problemdarstellung **ca. 1 – 2 Min.**

- Auf dieser Folie beschreiben Sie die aktuelle Problemdarstellung, die Sie in Ihrer Präsentation bearbeiten bzw. lösen wollen.
- Gestalten Sie Ihre Aussage eindeutig und nachvollziehbar.
- Setzen Sie gern auch vielleicht Bilder oder Charts zur Verdeutlichung ein.

Folie 4: Lösungsansatz 1 **ca. 1 – 2 Min.**

- In dieser Folie beschreiben Sie Ihren ersten Lösungsansatz.
- Stellen Sie die Lösung stichpunktartig oder in kurzen Sätzen dar.
- Erklären Sie ggf. nicht alle Punkte, die auf der Folie stehen – lassen Sie mögliche Fragestellungen für das Fachgespräch unbeantwortet.
- Picken Sie sich 1-2 Punkte aus der Folie heraus, zu der Sie eine kurze Geschichte erzählen

Folie 5: Chancen und Risiken **ca. 1 – 2 Min.**

- Auf dieser Folie erläutern Sie Chancen und Risiken der auf Folie 4 vorgestellten Lösung.
- Gehen Sie zu den Aussagen auf der Folie und Ihre Darstellung genauso vor wie auf Folie 4.
- Am besten erläutern Sie auch hier wieder ein praktisches Beispiel.

Folie 6: Lösungsansatz 2 **ca. 1 – 2 Min.**

- Wie Folie 4

Folie 7: Chancen und Risiken **ca. 1 – 2 Min.**

- Auf dieser Folie erläutern Sie Chancen und Risiken der auf Folie 6 vorgestellten Lösung.
- Gehen Sie, was die Aussagen auf der Folie und Ihre Darstellung angeht, genauso vor wie auf Folie 5.
- Am besten erläutern Sie auch hier wieder ein praktisches Beispiel.

Folie 8: Fazit **empfohlen wenigstens 2 Min.**

- Hier ziehen Sie nun Ihr persönliches Fazit, z. B. mit folgenden Aussagen:
- „Ich empfehle die Umsetzung der Maßnahmen, weil…."
- „Zu beachten wäre..."
- „Chancen oder Risiken könnten sein…."
- Und zum Schluss:
  - Fassen Sie kurz die Agenda zusammen.
  - Überreichen Sie Ihr Handout .
  - Bedanken Sie sich beim Prüfungsausschuss für die Aufmerksamkeit.

8.6 Weitere Themenbeispiele zum Üben

Die folgenden Themenbeispiele sind als Anregungen gedacht, die Sie bei der Wahl Ihres Themas unterstützen können.
Zugleich können Sie sie nutzen, wenn Sie übungshalber Präsentationen vorbereiten möchten bevor Sie Ihr eigenes Thema bearbeiten.

8.6.1 Themenbeispiele für Handelsfachwirte

- Einführung von elektronischen Serviceberichten für Servicetechniker
- Einstieg in ein neues Geschäftsfeld in der Chemiebranche
- Verbesserung der Flächennutzung und Optimierung der Lagerkosten
- Einführung von Efficient Unit Load gemeinsam mit dem Lieferanten
- Sortimentssteuerung und Flächenoptimierung einer Textilmarke
- Maßnahmen zur Kundengewinnung und Kundenbindung
- Umstellung des Vertriebs von Handelsvertreter auf Reisenden
- Umsatzverlust durch ständig wachsende Konkurrenz
- Beginn mit der Ausbildung im eigenen Unternehmen
- Reaktion eines Convenience-Großhändlers auf veränderte Marktsituationen

8.6.2 Themenbeispiele für Industriefachwirte

- Entscheidungsprozess zu einem Großauftrag bei negativem Deckungsbeitrag
- Reorganisation der Fertigungsorganisation für individuelle Kundenaufträge mit entsprechender Arbeitsplatzgestaltung
- Optimierung der Materialversorgung in der Endmontage bei geografisch entfernter Fertigungsstätte
- Make-or-buy-Entscheidungsprozess bei Produktdiversifikation
- Engere Anbindung der Service-/Montagemitarbeiter an den Vertrieb mit dem Ziel der Kundenbindung und Umsatzsteigerung
- Einführung einer konzernweiten CI für alle angeschlossenen Unternehmen
- Einführung eines Wissensmanagementsystems
- Modellrechnung für das Outsourcing der Logistikprozesse
- Umstellung der funktionalen Kostenstellenrechnung auf Projektabrechnung
- Einführung eines KVP im Unternehmen

8.6.3 Themenbeispiele für Immobilienfachwirte

- Neugründung einer Immobilienfirma in einer Großstadt
- Das Bestellprinzip – mehr Gerechtigkeit für Mietinteressenten
- Im Einklang mit der Umwelt – ökologisches Bauen
- Mitte Altona (Stadtteil HH) – eine städtebauliche Entwicklungsmaßnahme
- Der Mietpool innerhalb der WEG (Wohnungseingentümergesellschaft)
- Wert- und Renditesicherung für vermietete Wohnanlagen
- Entwicklung einer Bestandsimmobilie am Beispiel „Musterstraße“
- Energie-Contracting in der Wohnungswirtschaft
- Die Heizkostenabrechnung
- Das Bieterverfahren

Stichwortverzeichnis

Bildquellen

für nicht am Bild vermerkte Quellen

Logo fashion (S. 64): Fotolia/djmilic; Zielscheibe (S. 65 und weitere): Fotolia/Kenishirotie; Vorfahrtsschild (S. 66 und weitere): Fotolia/weissdesign; Achtungsschild (S. 66 und weitere); Fotolia/fotomek; Figur mit Handgeste (bei Fazit S. 67 und weitere): Fotolia/goldencow_images; Baum mit Fruchtglas (S. 85 und weitere): Fotolia/africa; Fabrik aus Grünpflanzen (S. 86 und weitere): Fotolia/radio82; Sack mit Pfeilen (S. 87): Fotolia/tashatuvango; Wappen/Logo (S. 107 und weitere): Fotolia/fir; Haus personifiziert (S.108 und weitere): Fotolia/jamesbin